MW01706920

ET SI ON JOUAIT?

Le jeu chez l'enfant de la naissance à six ans

La Collection de l'Hôpital Sainte-Justine

pour les parents

ET SI ON JOUAIT ?

Le jeu chez l'enfant de la naissance à six ans

Francine Ferland

Éditions de l'Hôpital Sainte-Justine

Centre hospitalier universitaire mère-enfant

Données de catalogage avant publication (Canada)

Ferland, Francine

Et si on jouait ? : le jeu chez l'enfant de la naissance à six ans

(Collection de l'Hôpital Sainte-Justine pour les parents)
Comprend des réf. bibliogr.

ISBN 2-922770-36-2

1. Jeu - Aspect psychologique. 2. Enfants - Développement. 3. Éducation des enfants. 4. Parents et enfants. 5. Famille - Loisirs. 6. Jouets. I. Hôpital Sainte-Justine. II. Titre. III. Collection.

BF717.F47 2002 155.42'28 C2002-940462-2

Illustration de la couverture : Yayo

Infographie : Céline Forget

Diffusion-Distribution au Québec : Prologue inc.
en France : Casteilla Diffusion
en Belgique et au Luxembourg : S.A. Vander
en Suisse : Servidis S.A.

Éditions de l'Hôpital Sainte-Justine
3175, chemin de la Côte-Sainte-Catherine
Montréal (Québec) H3T 1C5
Téléphone : (514) 345-4671
Télécopieur : (514) 345-4631
www.hsj.qc.ca/editions

© Hôpital Sainte-Justine 2002
Tous droits réservés
ISBN 2-922770-36-2

Dépôt légal : Bibliothèque nationale du Québec, 2002
Bibliothèque nationale du Canada, 2002

La Collection de l'Hôpital Sainte-Justine pour les parents bénéficie du soutien du Comité de promotion de la santé et de la Fondation de l'Hôpital Sainte-Justine.

Le masculin est utilisé pour désigner les deux sexes, sans discrimination, et dans le seul but d'alléger le texte.

À Maurice, précieux partenaire de vie.

À Jean-Philippe et à Sébastien,
mes professeurs de jeu d'il y a 20 ans,
et à Gabriel, à Maude et à Florence,
mes professeurs actuels.

Remerciements

Diverses personnes ont apporté leur contribution à l'élaboration du présent ouvrage. Merci de tout cœur à :

Sébastien, mon fils aîné, qui a été mon lecteur des premières heures et qui m'a fourni plusieurs exemples tirés de sa vie de père ;

Johanne Filiatrault et son conjoint, Benoît Pelletier, pour leur créativité débordante ;

Pierre-Yves Therriault et Colette Dion-Hubert, pour leurs conseils *ergonomiques* ;

Louise Getty, pour ses précisions *auditives* ;

Micheline Saint-Jean, collègue et amie, pour ses suggestions tout au long de la rédaction de l'ouvrage et plus particulièrement lors de la révision du manuscrit initial ;

Paulette Lelièvre et Marie-Claude Béliveau pour leurs précieux commentaires lors de la pré-lecture du manuscrit.

Sans ces personnes, le livre aurait peut-être quand même vu le jour, mais il aurait été certainement moins complet et moins précis.

Table des matières

LISTE DES TABLEAUX

MESSAGE AUX ENFANTS

Soyez patients avec vos parents s'ils ne semblent pas comprendre votre plaisir à jouer ; ils peuvent avoir tout simplement oublié ce qui est amusant. N'y voyez pas de la mauvaise volonté de leur part : c'est probablement leur logique d'adulte qui les empêche de découvrir le vrai sens du jeu.

Ne vous étonnez pas qu'ils aient tendance à tout organiser pour vous, même vos jeux ; cela part d'un bon sentiment. Ils veulent ce qu'il y a de mieux pour vous et, de peur de manquer leur coup, parfois ils en font trop.

Montrez-leur à quel point le jeu est utile dans votre vie. Les adultes ont besoin de voir des résultats ; l'efficacité et le rendement sont importants pour eux. Montrez-leur comment le jeu développe vos habiletés et vos connaissances, et comment il vous relie à eux.

Soyez leurs professeurs ; montrez-leur à s'amuser d'un rien et à rire de tout. Le jeu, c'est votre domaine de force ; faites-en bénéficier vos parents.

Aidez-les à retrouver leur imagination et leur spontanéité d'antan et faites-leur redécouvrir le plaisir du moment présent.

Devenez leur thérapeute et soignez leur stress en jouant avec eux.

Introduction

Quand un enfant ne peut pas jouer,
nous devrions être aussi inquiets que
lorsqu'il refuse de manger ou de dormir.

Hartley & Goldenson[1]

Pour l'enfant d'âge préscolaire, le jeu, c'est la vie en miniature autant que le rêve au quotidien. Source d'apprentissage, objet de plaisir, voie privilégiée pour interagir avec les autres, le jeu représente l'activité la plus importante de l'enfance.

Le jeu est même un droit fondamental reconnu par la convention internationale sur les droits de l'enfant, ratifiée par l'Organisation des Nations Unies (ONU) en 1989. On y lit à l'article 31 : « Tout enfant a droit au repos et aux loisirs, de se livrer au jeu et à des activités récréatives propres à son âge... » De fait, le jeu est universel quoique les jouets et la façon de jouer diffèrent d'un pays à l'autre. Intemporel, il se perpétue de génération en génération ; il est présent dans la vie de votre enfant, comme il l'a été jadis pour vous.

Toutefois, plusieurs adultes se sentent démunis quand il s'agit de partager l'activité de jeu d'un jeune enfant. Ils ne savent pas comment jouer avec lui ou ils trouvent enfantin de se laisser aller à véritablement jouer. De plus, il arrive fréquemment que l'adulte souffre de courte vue quand il regarde jouer un enfant ; il ne voit pas tout ce qui se passe. Au-delà

1. Hartley, RE et RM Goldenson. *The Complete Book of Children's Play*. New York : Crowell, 1963. p.6.

des gestes posés, l'adulte ne décode pas aisément l'imagination, l'expression, le sentiment de maîtrise, les diverses habiletés, les attitudes particulières qui sont sollicités par l'activité ludique de l'enfant.

Pour jouer, l'enfant a besoin de temps, ce dont il ne dispose pas toujours. En effet, on a souvent tendance à organiser de façon très serrée l'horaire de nos jeunes enfants : outre les heures passées en milieu de garde, on les inscrit à des cours d'initiation à l'eau, de karaté, de piano, de peinture, ou dans une équipe de soccer, de base-ball, de hockey, de tennis ou à des séjours en camps de vacances ou en camps de jour. Dans notre « société de performance », beaucoup de parents misent sur des activités sérieuses ou sur la pratique d'activités bien structurées menant à des apprentissage spécifiques.

Pourquoi visons-nous autant les résultats précoces chez nos enfants ? Cela vient-il de la pression de notre société qui valorise la rapidité en tout ? Est-ce lié à la crainte que nos enfants ne développent pas leur potentiel au maximum ou à l'inquiétude d'échouer dans notre mission éducative? Serait-ce pour en retirer un sentiment de fierté, le sentiment d'être de super-parents ? D'où nous vient ce besoin de charger ainsi leur horaire et ce, dès l'âge préscolaire ? La peur de ne pas en faire assez nous entraînerait-elle à en faire trop ?

La pensée populaire veut que plus le bébé fait des apprentissages précoces, plus il devient intelligent et mieux il est préparé pour la vie. Pourtant nul ne peut affirmer que l'enfant, qui sait reconnaître très jeune des toiles de grands maîtres, qui sait lire dès l'âge de 3 ans, pour qui l'ordinateur n'a plus de secret ou presque à 4 ans, réussira mieux sa vie ou sera plus heureux qu'un autre qui ferait ces apprentissages plus tard. Aucune étude ne l'a démontré. À l'inverse, depuis de nombreuses années, on a identifié les effets négatifs d'une sur-stimulation chez l'enfant : inattention, agitation et difficultés de concentration.

Par ailleurs, les apprentissages faits très tôt dans le développement n'ont pas toujours les effets escomptés à long terme. À titre d'exemple, il a déjà été démontré que des adolescents de 16 ans qui avaient appris la lecture dès l'âge de 4 ans lisaient spontanément beaucoup moins que ceux qui avaient fait cet apprentissage vers 6 ou 7 ans. Peut-on voir là un effet de saturation ou de désintérêt chez l'enfant qui a commencé trop tôt ces apprentissages ?

Si on laissait nos enfants vieillir à leur rythme ? Si on les laissait être des enfants ? Si on les laissait jouer ? Ils découvriraient alors le monde dans le plaisir. Est-il plus belle façon de s'initier à la vie ?

Le présent ouvrage fait l'apologie du jeu et revendique, pour tous les enfants d'âge préscolaire, la place de choix qu'il devrait avoir dans leur vie. Nous essaierons de regarder cette activité prioritaire de l'enfance avec les yeux d'un enfant pour en découvrir le sens et la valeur. Cela permettra, entre autres, de dégager ce qui s'y passe, au-delà des gestes posés, tant par rapport aux mouvements, à la pensée, à l'expression de lui-même qu'à l'interaction avec l'autre.

Pourquoi, comment, avec qui et avec quoi jouer ? Autant de questions auxquelles nous apporterons des éléments de réponse. Nous apporterons aussi de nombreuses suggestions de matériel et d'activités de jeu en lien avec les caractéristiques de l'enfant à différents âges. Le dernier chapitre proposera le jeu comme un allié inestimable des parents pour faciliter le quotidien, le rendre plus agréable.

Alors partons à la découverte du jeu, cette formidable école du plaisir et de la vie !

Chapitre 1

C'est quoi jouer?

▼

Dans l'homme authentique,
il y a un enfant qui veut jouer.
Nietzche

Le mot « jeu » vient du latin *jocus* qui signifie plaisanterie. Le jeu est donc joyeux; il entraîne badinage, amusement et rire. Chez la plupart des animaux, particulièrement chez les mammifères à sang chaud, les petits jouent; ainsi les jeunes singes se livrent à des parties de saute-mouton et les loutres adorent les glissades. Plus près de vous, voyez le plaisir qu'a votre chaton à courir après une balle de laine, ou votre chiot à maltraiter votre pantoufle.

L'intérêt au jeu semble plus présent chez les animaux dotés d'un gros cerveau et dont la croissance s'étend sur une longue période de temps, ce qui est le cas de l'humain. Il n'est alors pas étonnant que parmi les être vivants, le petit de l'Homme soit celui qui joue le plus longtemps et qui développe le jeu le plus complexe.

Au cours des décennies, le phénomène du jeu a été compris de diverses façons par les chercheurs qui ont proposé différentes théories pour l'expliquer. L'une des plus anciennes perçoit le jeu comme l'expression d'un surplus d'énergie devant être libéré par l'enfant. D'autres considèrent que le jeu reprend le comportement des primates ou répond à un besoin instinctif. D'autres enfin voient le jeu comme servant à des fins de relaxation.

Même de nos jours, le jeu de l'enfant n'est pas perçu de façon universelle : les uns y voient l'occasion de développer des compétences, les autres associent jeu et développement de l'esprit, et d'autres encore conçoivent que le jeu permet à l'enfant d'exprimer ses sentiments et de libérer ses tensions intérieures. Que les théoriciens contemporains associent le jeu chez l'enfant à la croissance du corps, de l'esprit ou de l'âme, tous reconnaissent son importance.

Qu'est-ce que jouer[2] *?*

Jouer, c'est s'adonner à une activité pour se divertir, pour en tirer du plaisir. Le jeu n'a de fin qu'en lui-même ; l'enfant joue pour jouer. S'il y apprend quelque chose, c'est en quelque sorte par accident, car ce n'est pas son but premier. Toutefois, on comprend aisément que cette activité est source de nombreuses découvertes pour l'enfant et qu'elle lui permet diverses réalisations. Ainsi, par cette activité qui se perpétue au fil des générations, l'enfant apprend les règles, les coutumes et les valeurs qui régissent son environnement ; bref, l'enfant se découvre et découvre le monde dans lequel il vit.

Jouer, c'est découvrir son environnement

Les premiers jeux de l'enfant lui permettent de découvrir son corps et d'en déterminer les limites. Puis la manipulation

2. Le contenu de la présente section a initialement été élaboré dans FERLAND, F. *Le modèle ludique; le jeu, l'enfant avec déficience physique et l'ergothérapie*, 2e édition. Montréal : Les Presses de l'Université de Montréal, 1998.

des objets lui en apprend les caractéristiques (ils sont durs, doux, lisses ou rudes) et le fonctionnement (on roule un ballon, le sable coule entre les doigts, l'eau peut porter un bateau, les crayons laissent des marques). L'enfant expérimente les diverses possibilités des objets et les utilise de toutes sortes de façons.

Cette découverte du monde environnant ne concerne pas que les objets, mais aussi les personnes. Ainsi, l'enfant comprend très tôt que maman est fière du beau dessin qu'il a fait, puisqu'elle affiche son chef-d'œuvre sur le réfrigérateur, alors qu'elle pousse des hauts cris et le punit pour ce dessin qu'il a fait sur le mur, même s'il est mieux réussi. Graduellement, il développe des stratégies d'action lui permettant de composer tant avec les objets qu'avec les gens.

En jouant, l'enfant développe donc un savoir-faire et un savoir-être, autrement dit des habiletés et des attitudes qu'il utilisera dans diverses situations de sa vie quotidienne. Dans le jeu, l'enfant se pratique en quelque sorte pour la vraie vie.

Jouer, c'est éprouver un sentiment de maîtrise

Jouer, c'est aussi éprouver un sentiment de contrôle sur son environnement et sur ses actions; c'est éprouver un sentiment de maîtrise sur une portion de sa vie. Bien que l'enfant dépende de ses parents pour la plupart de ses soins (nourriture, habillement, hygiène), il est le maître tout-puissant dans son jeu: il est autosuffisant.

Aucune méthode ni règle précise n'étant nécessaires pour jouer, chacune des tentatives de l'enfant est valable. Il décide lui-même du début, du thème, du déroulement et de la fin de son jeu. Il détermine ce qu'il fait avec le matériel: il fait avancer l'auto, refait le même casse-tête aussi souvent qu'il le désire, et colore la pomme en bleu si cela lui chante.

Comme on n'attend aucun résultat précis du jeu, l'enfant peut prendre les initiatives qui lui plaisent et il comprend rapidement qu'il a un effet sur son environnement : il dépose un bloc sur un autre, et le voilà face à une petite tour; il appuie sur une manette, et le jouet se met à faire de la musique. L'enfant expérimente alors un sentiment de contrôle sur les objets et de maîtrise sur la situation : il est capable ! Le jeu devient source de gratification pour l'enfant et contribue à renforcer son estime de lui-même.

Lors de difficultés, l'enfant utilise ses ressources personnelles pour trouver des solutions : ainsi, cet ourson tout mou ne peut tenir assis sans aide, mais appuyé sur le mur dans le coin de la chambre, il y parvient. Cette capacité à résoudre les problèmes contribue aussi au sentiment de maîtrise de l'enfant et peut être mise à profit dans diverses situations de sa vie quotidienne.

Comme ce n'est qu'un jeu, il peut même courir le risque d'échouer et tenter de monter sa tour… jusqu'au ciel. Quand l'échec survient, l'enfant l'apprivoise dans un contexte où les conséquences sont minimes et il apprend à y réagir.

Jouer, c'est imaginer et créer

Le jeu est aussi le lieu des fantaisies, des solutions farfelues, de la débrouillardise. Utilisant ses habiletés créatives, l'enfant décide ce qu'est la réalité, la transforme et l'adapte à ses désirs. La créativité de l'enfant, sorte de bricolage intellectuel mettant bout à bout divers éléments pour créer une idée nouvelle, peut être vue comme son imagination en action.

Dans son jeu, l'enfant donne vie aux objets, crée un ami imaginaire, fait bouger l'inanimé, pleurer les végétaux ou parler les animaux. Il peut être indifférent au temps et à l'espace, et passe ainsi sans transition de l'époque de l'homme des cavernes à l'ère spatiale. La seule limite, c'est son imagination et les restrictions qu'impose son environnement. Avec les années, l'enfant imagine des jeux de plus en plus près de la réalité et utilise les matériaux du monde réel.

Jouer, c'est s'exprimer

Même si l'enfant ne parle pas, dans son jeu il exprime ses sentiments, tant positifs que négatifs. Lancer un objet par terre, sourire à un personnage, déchirer un dessin, présenter un objet à un partenaire, provoquer un accident, voilà autant de gestes que l'enfant utilise pour communiquer ce qu'il ressent. Le jeu est en quelque sorte le langage primaire de l'enfant, son langage dans l'action, qui lui permet de livrer son monde intérieur et ses émotions tout autant que son monde imaginaire.

L'adulte est parfois sourd à cette forme de communication tacite. Ainsi, il interdira vigoureusement tout geste de l'enfant qu'il perçoit comme étant agressif sans en comprendre le véritable sens. Par exemple, peut-être grondera-t-il l'enfant qui bouscule violemment son ourson, le jetant par terre et se fâchant contre lui, sans s'apercevoir que c'est là une façon saine pour l'enfant de réagir à ce nouveau bébé fraîchement débarqué dans sa famille et qui prend tellement de place dans la maison. Le jeu permet à l'enfant de déplacer sur des objets substituts ses désirs et ses frustrations. De la sorte, le jeu lui sert de soupape émotive.

Par ailleurs, il arrive fréquemment que l'enfant parle tout seul en jouant. C'est pour lui l'occasion de pratiquer ses habiletés verbales, expliquant à ses jouets ce qu'il fait, ce qui se passe. Cet exercice du langage favorise l'essai de nouveaux mots. Selon Bruner[3], l'apprentissage de la langue maternelle est plus rapide s'il s'inscrit dans un contexte ludique.

Jouer, c'est surtout expérimenter le plaisir

Jouer, c'est toutefois avoir du plaisir d'abord et avant tout. Cette sensation de plaisir peut être associée à certaines caractéristiques propres à toute situation de jeu : la nouveauté, l'incertitude et le défi, défi qui doit cependant être perçu par l'enfant comme étant surmontable. Si le défi est absent du jeu, l'enfant s'ennuie ; si le défi est trop grand, il se décourage. Dans le jeu, la nouveauté attire l'enfant qui prend plaisir à défier l'incertitude et à relever le défi.

Comme rien n'est réglé à l'avance dans le jeu, tout peut arriver ; la curiosité est éveillée et entraîne l'enfant vers la découverte du plaisir intrinsèque du jeu. L'enfant souhaitera maintenir cette sensation agréable de plaisir et développera un intérêt à jouer et donc un intérêt à agir.

On peut résumer ainsi les grandes fonctions du jeu et son impact sur l'enfant.

EN RÉSUMÉ

Fonction du jeu	Impact sur l'enfant
Découvertes	Apprentissage
Maîtrise	Estime de soi
Créativité	Capacités d'adaptation
Expression	Communication de ses sentiments et relation aux autres
Plaisir	Intérêt à agir

3. BRUNER, J. « Jeu, pensée et langage », *Perspectives,* 1986, 16, 83-90.

Que se cache-t-il derrière le jeu ?

Le plus souvent, c'est en se référant à une logique d'adulte que l'on regarde le jeune enfant jouer. On n'y voit que ce qui est au premier plan : l'enfant s'amuse et pendant ce temps, il est tranquille ou alors on le voit répéter inlassablement la même activité sans comprendre le plaisir qu'il en retire. L'activité intense qui se cache derrière le jeu demeure insoupçonnée pour plusieurs : c'est peut-être la raison qui les amène à croire à sa futilité.

Analysons ce qui se passe dans le jeu afin de dégager ce que cette activité stimule et sollicite chez l'enfant. Pour ce faire, imaginons un enfant qui joue avec une étable, des animaux, des personnages et un tracteur. Voyons ce qui se passe quand l'enfant manipule ces objets et leur donne vie.

Composante sensorielle

La seule présence de ces objets apporte une stimulation sensorielle à l'enfant, qui regarde ces animaux et ces personnages, les touche, les prend dans ses mains et les déplace.

En les manipulant, l'enfant enregistre les caractéristiques sensorielles des objets (forme, couleur, grosseur, texture) et il développe sa perception. Il se rend compte que le métal du tracteur est froid et doux, alors que ses pneus sont rugueux et ronds. Grâce à sa perception des grandeurs et des formes, il évalue si tel personnage peut ou non être assis sur le tracteur et si celui-ci peut ou non entrer par la porte de l'étable. Il est même possible que son audition soit stimulée si l'enfant se raconte une histoire ou joue avec un partenaire. De plus, il apprend que faire rouler le tracteur sur le plancher de bois produit un bruit, ce qui n'est pas le cas sur un tapis.

Cette activité procure donc à l'enfant une stimulation visuelle, tactile et même auditive, qui développe, entre autres, sa perception des formes et des grandeurs.

Composante motrice

En saisissant les objets, l'enfant utilise les petits muscles de ses mains : on parle alors de motricité fine. Il doit adapter sa façon de saisir les objets à leurs formes : préhension à pleine main d'un personnage, préhension du tracteur entre le pouce, l'index et le majeur, saisie entre le pouce et l'index du loquet pour ouvrir la porte de l'étable.

L'enfant doit aussi planifier ses gestes en séquence ; par exemple, saisir l'objet, le diriger vers tel endroit, puis le relâcher. Pour ce faire, il lui faut la coordination œil-main. Cette capacité à coordonner les gestes de la main et des yeux permet à l'enfant non seulement de diriger les objets vers un endroit précis, mais aussi d'insérer un objet dans un espace restreint, par exemple s'il veut asseoir un personnage sur le tracteur.

Quand l'enfant se déplace, à quatre pattes ou en marchant, il utilise ses grands muscles, entre autres ceux de ses cuisses et de ses jambes : il s'agit de la motricité globale. Quand il est assis et qu'il veut saisir un personnage placé loin devant lui ou sur le côté, l'enfant doit se protéger des chutes, par exemple en tendant les bras vers l'avant ou les côtés : il utilise alors ses réactions de protection. Parfois, un simple ajustement de sa posture lui permet de maintenir son équilibre ; ainsi, en se penchant vers l'avant pour saisir un objet, il lève la tête pour compenser le changement de centre de gravité et éviter la chute.

L'enfant pratique donc, dans ce jeu, divers modes de préhension, il planifie et coordonne des mouvements fins et développe ses réactions de protection en position assise.

Composante cognitive

Même si ses muscles fonctionnent très bien, l'enfant aura peu de plaisir à jouer avec ce matériel de jeu s'il ne met pas à profit ses habiletés cognitives, celles qui lui permettent de comprendre son environnement et de développer sa pensée.

Il y a bien sûr la connaissance même des pièces du jeu : un partenaire ou un adulte peut lui montrer ce qu'est un cochon et un mouton, et à les différencier ; lui apprendre que l'étable est la maison des animaux et lui enseigner le cri propre à chaque animal. L'enfant découvre qu'il y a des animaux à quatre pattes et d'autre à deux pattes, comme la poule.

En comprenant comment fonctionnent les objets, l'enfant apprend aussi à les utiliser adéquatement; ainsi il fait rouler le tracteur puisqu'il a des roues, et il ferme la porte de l'étable avec le loquet.

Dans ce jeu, l'enfant expérimente la relation de cause à effet, anticipant ce que ses gestes provoquent. Par exemple, il se rend compte que le petit mouton, déposé sur le toit en pente de l'étable, ne peut tenir et qu'il tombe tôt ou tard. Il découvre également que les objets ont une certaine permanence, à savoir qu'ils continuent à exister même quand il ne les voit plus. Ainsi, quand l'enfant s'amuse à faire disparaître le petit chien dans l'étable, puis à aller le chercher, il expérimente cette réalité.

L'enfant s'amuse aussi à « faire semblant », entre autres en prêtant vie aux objets : la vache se promène dans le champ et le chien la suit. Il en arrive à imaginer un véritable scénario de jeu. Il peut aussi faire preuve d'humour, prêtant des intentions farfelues aux animaux. Ainsi, peut-être la vache veut-elle faire un tour de tracteur !

Dans ce jeu, l'enfant développe diverses connaissances, il donne vie aux objets et laisse libre cours à son imagination.

Composante affective

Comme c'est l'enfant qui décide de l'histoire des personnages, sa spontanéité et ses initiatives sont sollicitées : il en retire un sentiment de maîtrise. Il expérimente aussi le plaisir d'agir; quand ce n'est pas le cas, il cesse rapidement ce jeu qui n'en est plus un pour lui.

Non seulement l'enfant décide-t-il ce que font les personnages, mais il leur prête aussi des sentiments. De ce fait, il exprime des émotions : le fermier est fâché, le mouton est triste.

Avec un tel matériel de jeu, l'enfant peut cesser son activité quand il veut. Il n'est pas tenu de la poursuivre pour un temps minimum, comme c'est le cas par exemple avec un casse-tête ou un jeu de construction. Il n'a pas non plus à attendre pour voir le résultat de son action. Sitôt décidé, le geste est posé. L'enfant en retire une satisfaction immédiate.

Initiative, expression de soi et plaisir immédiat sont quelques-unes des dimensions affectives de cette activité.

Composante sociale

L'enfant peut jouer seul avec ce matériel de jeu. Toutefois, quand des partenaires participent à son activité, c'est l'occasion pour lui de partager, de communiquer, de tenir compte des autres. Ensemble, les enfants imaginent un scénario de jeu, ils inventent une histoire et jouent des rôles.

Cette activité de jeu peut donc aussi permettre à l'enfant d'apprendre à se relier aux autres.

***

Il s'en passe des choses dans ce simple jeu, n'est-ce pas ? L'enfant enregistre des informations, apprend à saisir et à manipuler des objets, à imaginer, à exprimer des sentiments et peut-être à jouer avec d'autres enfants. Ainsi en est-il pour toute activité de jeu. En y regardant de près, on constate que la plus simple activité de jeu sollicite diverses facettes chez l'enfant et stimule son développement et ce, dans le plaisir.

Définition du jeu

Comment peut-on définir le jeu ? Qu'est-ce qui le caractérise ? Qu'est-ce qui le distingue d'une autre activité ? Toute activité faite avec du matériel de jeu est-elle un jeu ?

Si vous deviez répondre à ces questions, il est à parier que vous feriez premièrement référence à la notion de plaisir et vous auriez raison; de fait, le plaisir est une composante indissociable du jeu. Si l'enfant n'éprouve pas de plaisir à faire une activité, cette activité n'est pas un jeu, mais un exercice à faire, une tâche à accomplir ou une obligation à remplir.

Qu'est-ce qui fait que telle activité procure du plaisir à l'enfant et telle autre, non ? Ce qui est un jeu pour l'un le sera-t-il automatiquement pour l'autre ?

Imaginons deux enfants engagés dans une même activité de jeu, par exemple dans un carré de sable. Les deux posent les mêmes gestes, remplissant de sable un seau, traçant des chemins avec une petite auto, faisant disparaître leurs mains dans le sable pour les faire réapparaître ensuite. À l'observation, on pourrait conclure que ces deux enfants jouent puisqu'ils font librement une activité, sans but imposé, utilisant du matériel de jeu. Pourtant, il est possible que, malgré les apparences, l'un de ces enfants ne joue pas du tout, qu'il n'éprouve aucun plaisir. Pourquoi ? Soit parce qu'il n'a pas d'intérêt pour cette activité, soit qu'il n'est pas dans un état d'esprit pour jouer.

Peut-être vous est-il déjà arrivé, lors d'une soirée entre amis, de vous faire proposer une partie de cartes alors que vous détestez les cartes. En dépit de votre manque d'intérêt pour cette activité, vous vous êtes retrouvé avec des cartes à jouer dans les mains, posant les gestes qu'on attendait de vous. Dans ce contexte, malgré un matériel de jeu et des gestes de jeu, vous n'avez pas vraiment joué. Et si vous aimez jouer aux cartes, peut-être que ce soir-là, vous étiez préoccupé et donc nullement dans des dispositions pour apprécier le jeu. Là non plus, vous n'avez pas vraiment joué. Les gestes seuls ne peuvent définir le jeu, pas plus d'ailleurs que l'utilisation de matériel de jeu.

Pour qu'une activité soit vraiment un jeu, il faut que la personne ait un intérêt à la pratiquer, mais surtout qu'elle soit dans un état d'esprit particulier qui lui permet d'en retirer du plaisir, autrement dit il faut que la personne ait une attitude de jeu.

Avoir une attitude de jeu, c'est être spontané, utiliser son sens de l'humour, être curieux et imaginatif, avoir le goût de courir des risques et de prendre des initiatives. Avoir une attitude ludique, c'est aussi ne pas se prendre au sérieux et ne pas prendre au sérieux la situation. Quand on joue, rien n'est dramatique, ce n'est qu'un jeu ; l'objectif est d'abord et avant tout d'avoir du plaisir, non de gagner ou de réussir mieux que l'autre. Ce qui se passe pendant le jeu est d'ailleurs plus important que son résultat. Au-delà du matériel de jeu et des gestes posés, c'est donc l'attitude qui représente l'essence même du jeu. On conçoit alors aisément que le jeu soit une affaire hautement subjective.

Tenant compte de ce qui précède, on peut proposer la définition suivante :

> Le jeu, c'est avant tout… « *une attitude subjective où plaisir, curiosité, sens de l'humour et spontanéité se côtoient, qui se traduit par une conduite choisie librement et pour laquelle aucun rendement spécifique n'est attendu*[4] ».

Cette définition s'applique au jeu libre de l'enfant, c'est-à-dire celui qu'il décide de faire lui-même et auquel il s'adonne à sa façon. Toutefois, les jeux de l'enfant peuvent être divisés en deux catégories : le jeu libre et le jeu structuré. Voyons de plus près ce qu'il en est.

Jeu libre ou jeu structuré

Dans un jeu libre, l'enfant décide sans contrainte de ce qu'il fait avec les objets. Ce type de jeu favorise l'imagination, la fantaisie et la créativité de l'enfant. L'activité avec l'étable et les animaux, analysée précédemment, en est un exemple.

À l'inverse, dans un jeu structuré, des règles précises régissent l'activité ludique. Par exemple, lorsqu'il fait un casse-tête, l'enfant doit trouver où poser chaque pièce ; il n'y a qu'une seule place possible pour chacune des pièces. Les jeux de société reposent aussi sur des règles que chaque joueur doit respecter.

Un jeu structuré demande à l'enfant de comprendre le déroulement du jeu tout autant que les règles qui s'y appliquent et de s'y conformer. Ce type de jeu vise souvent

4. FERLAND, F. 1998. op. cit., p. 65.

un apprentissage précis ou une habileté particulière. À titre d'exemple, on peut penser aux jeux de mémoire : à partir d'images retournées sur la table, l'enfant tente, à chaque essai, de se rappeler où se trouvent les deux images identiques. S'il échoue, il les remet à l'envers et essaie à nouveau. Cette activité vise essentiellement à développer la perception et la mémoire visuelles de l'enfant. Dans un jeu structuré, deux enfants doivent suivre les mêmes règles et la même séquence.

Par contre, lors d'un jeu libre, deux enfants peuvent aborder le matériel de façon fort différente et créer une activité innovatrice. Dans ce sens, une expérience de jeu spontané favorise une plus grande pensée créative chez l'enfant qu'un jeu très structuré. Un jeune enfant a d'ailleurs plus de plaisir et d'intérêt à s'adonner à un jeu libre. Il faut attendre quelques années avant qu'il comprenne que tel jeu comporte des consignes à suivre et qu'il ait du plaisir à les respecter.

Cependant, à l'âge scolaire, les règles précises font partie intégrante de la plupart des jeux de l'enfant ; même pour jouer à la cachette, il établit des consignes spécifiques que tous doivent suivre et… gare à celui qui tente de s'y dérober !

Est-ce à dire qu'il faut mettre de côté les jeux structurés chez l'enfant d'âge préscolaire ? Non, mais il faut accepter que le jeu déroge quelque peu des règles établies et subisse les fantaisies de l'enfant. Ainsi, dans le jeu de serpents et échelles, il est à parier que le pion de l'enfant de 3 ans grimpera rapidement toutes les échelles rencontrées, sans égard pour le dé qui est censé déterminer le nombre de cases à avancer. Le matériel peut aussi être utilisé de façon inusitée : dans ce même jeu, l'enfant peut décider d'utiliser tant les serpents que les échelles pour grimper au sommet. Et bien sûr, le temps pendant lequel l'enfant accepte de suivre une consigne bien précise est également de courte durée.

Préalables à l'activité ludique

Pour que l'enfant joue, certaines conditions préalables doivent être présentes ; entre autres, il faut que ses besoins de base soient satisfaits. En effet, il est peu probable qu'un enfant soit disposé à jouer s'il n'a pas mangé ou dormi. Dans le même sens, des conditions de vie précaires, comme celles qui prévalent en pays de guerre, n'incitent pas au jeu.

Pour jouer, l'enfant doit se retrouver dans une ambiance rassurante : s'il est anxieux ou craintif, il ne se laissera pas aller à jouer. La peur est l'antagoniste du jeu : elle le paralyse. Si l'enfant ne se sent pas en sécurité, s'il a peur de perdre la face, de faire rire de lui ou de provoquer le désaccord de ses parents, il risque de ne pas jouer ou alors de le faire de façon très stéréotypée. Des conditions de confiance sont essentielles à l'apparition du jeu.

Il faut également que l'entourage valorise cette activité. Si les adultes autour d'un enfant considèrent le jeu comme une perte de temps, comme une activité futile, il est peu probable que l'enfant développe au maximum ses capacités de jeu. Il y a fort à parier qu'alors le jeu sera étouffé par l'entreprise d'éducation.

Pour jouer, l'enfant a aussi besoin de temps et d'espace. Si son horaire est surchargé, quand pourra-t-il jouer ? Si aucun lieu n'est disponible pour jouer, où le fera-t-il ? Son milieu de vie doit également tolérer le mouvement et le bruit : un jeu n'est plus un jeu s'il est trop contrôlé ou si l'environnement lui impose des limites trop strictes. L'entourage doit aussi accepter temporairement un certain désordre puisque pendant le jeu, l'activité est souvent intense et dérange quelque peu l'ordre établi.

Quand toutes les conditions sont réunies, l'enfant peut alors s'adonner au jeu, une activité prioritaire dans sa vie. Tout au long de la période préscolaire, ses caractéristiques ludiques tout autant que ses intérêts évoluent : le jeu de l'enfant témoigne du développement de ses habiletés dans les différentes sphères et de sa compréhension croissante du monde environnant. Le jeu favorise également ce développement. Voyons comment l'enfant évolue dans son jeu et ce qui le caractérise aux différents âges.

CHAPITRE 2

LE JEU ET LE DÉVELOPPEMENT DE L'ENFANT

Pour lui [l'enfant], apprendre est un jeu
et tout jeu lui apprend quelque chose.

Bacus [5]

Pour suivre l'évolution des capacités ludiques de l'enfant, il faut, bien sûr, mentionner des âges. Toutefois, tous les parents le savent : il y a une grande variation d'un enfant à l'autre. Même si votre enfant suit une séquence de développement semblable à celle du petit voisin (tous deux sauront s'asseoir avant de marcher, marcher avant de courir…), il est fort probable que leur rythme de développement sera différent; l'un dira son premier mot avant l'autre qui, lui, fera peut-être ses premiers pas plus tôt. Il faut donc considérer les âges mentionnés dans ce chapitre comme des approximations. Ils ne correspondent pas à des âges normaux, mais à des âges moyens qui donnent une idée de ce que l'enfant peut faire à telle ou telle période de sa vie. L'âge moyen signifie que la moitié des enfants présentent cette capacité plus tard et l'autre

---

5. BACUS, A. *Bébé malin – l'éveil de l'enfant de la naissance à dix-huit mois*. Paris : Éditions Solar, 1998. p. 9.

moitié, plus tôt. L'enfant n'est pas un surdoué parce qu'il réussit à maintenir la position assise trois semaines avant l'âge moyen, pas plus qu'il n'est sous-doué s'il le fait trois semaines plus tard.

En survolant la période préscolaire, on peut identifier diverses étapes qui mènent au développement d'un jeu de plus en plus raffiné et complexe.

La première étape, qui s'étend sur quelques mois, est caractérisée par la curiosité, l'intérêt et l'attention sélective du bébé tant pour son corps que pour les personnes et les objets qui l'entourent. À la deuxième étape, soit entre 6 et 18 mois, l'enfant explore activement l'espace et manipule les objets ; il en découvre ainsi le fonctionnement et l'utilisation. Par la suite, fort des acquis des deux premières étapes, il passe à la suivante, soit celle du *jeu* proprement dit.

Après s'être demandé « Qu'est-ce que c'est ? » à la première étape et « Que fait cet objet ? » à la deuxième, il se demande dorénavant « Que puis-je faire avec cet objet ? » Ainsi, entre 18 mois et 3 ans, il joue d'abord de façon conventionnelle, puis il imagine avec plaisir des façons inusitées de jouer. Enfin, entre 3 et 5 ans, il invente ses scénarios. Voyons maintenant ces étapes en détail. Pour chacune d'elles, nous préciserons les habiletés que l'on observe chez l'enfant dans les différentes sphères de son développement.

De 0 à 6 mois
L'enfant découvre son corps et son environnement

Au début de sa vie, le bébé ne se perçoit pas comme ayant une identité propre. C'est par les contacts avec sa mère qu'il se découvre. En le prenant dans ses bras, en lui parlant, en le caressant, en le regardant dans les yeux, la mère lui fait prendre conscience qu'il est distinct d'elle et elle suscite chez son bébé le désir de réagir. C'est l'interaction mère-enfant qui s'amorce.

De fait, à sa naissance, le bébé ne connaît pas son corps ; il est un inconnu pour lui-même, incapable de distinguer ce qui est à lui de ce qui est à l'extérieur. Pour comprendre que ces petits objets qu'il voit bouger au pied de son lit lui appartiennent bel et bien, ses orteils doivent être caressés par sa mère ou rencontrer des résistances, touchant par exemple les barreaux du lit ; alors seulement, la sensation éprouvée, acheminée au cerveau, lui fait prendre conscience de ses pieds. Dans le même sens, l'eau que maman fait couler sur lui, lors du bain, ou les caresses qu'elle lui prodigue l'aident à prendre conscience des différentes parties de son corps. De plus, le mouvement enregistré par son cerveau quand on le berce, en plus d'avoir un effet calmant, lui donne une sensation qui contribue aussi à la conscience de son corps.

Bébé perçoit bien qu'on le touche, même s'il ne discerne pas l'endroit précis où il est touché. Il distingue ce qui est agréable (textures douces, caresses, massages) de ce qui est désagréable (textures rugueuses, mains froides). C'est par son visage, sa bouche, ses mains et la plante de ses pieds que l'enfant enregistre le mieux les stimulations tactiles.

Le bébé découvre donc son corps et son environnement d'abord par ses sens. Ce sont en quelque sorte les fenêtres par lesquelles il prend contact avec le monde extérieur.

Au plan visuel, les premières semaines, l'enfant voit le mieux entre 15 et 30 cm, soit la distance approximative entre ses yeux et les vôtres quand vous le nourrissez. Vers 6 mois, il commence à évaluer les distances. Observez-le quand vous le nourrissez : il ouvre la bouche dès que ses yeux voient le biberon approcher, alors qu'auparavant c'était le contact de la tétine sur ses lèvres qui lui servait d'indice.

Au cours des premiers mois, l'attention du bébé est attirée par les caractéristiques sensorielles des objets : contraste de couleurs, nuances vives, brillance, mouvement, sons, textures.

La couleur d'un objet suscite l'intérêt du bébé, mais un contraste de couleurs l'attire davantage : ainsi une forme géométrique délimitée par un contour noir sur un carton blanc capte plus sûrement son attention que le jouet le plus coloré qui soit. Le bébé s'intéresse aussi au visage humain : n'y retrouve-t-on pas des éléments de contraste (le blanc de l'œil et la pupille, la blancheur des dents et le rouge des lèvres), ainsi que du mouvement (les yeux et les lèvres bougent) et la possibilité de sons, combinant alors plusieurs des intérêts du bébé ? Souvent son premier vrai sourire, vers 6 semaines, apparaît quand il regarde le visage de sa mère ou d'une autre personne. Un visage reproduit sur un carton avec des couleurs contrastantes attire à coup sûr son attention. Il aime aussi les objets qui bougent, qui font entendre des sons et qui brillent.

Non seulement le bébé s'intéresse-t-il aux objets qui stimulent ses sens mais il découvre aussi les objets par ses sens : il les regarde, les touche, les saisit, écoute les sons qu'ils produisent. Même sa bouche est mise à contribution ; dès que ses habiletés motrices le lui permettent, vers 6 mois, bébé porte les objets à sa bouche et les « goûte » en quelque sorte.

Pour apprécier toutes ces activités, l'enfant doit toutefois se sentir en confiance avec son entourage : sinon, il est craintif et peut réagir négativement, par exemple quand il est bougé dans l'espace ou qu'il touche de nouvelles textures.

Ces activités sensorielles amènent l'enfant à découvrir les caractéristiques des objets : ils sont mous ou durs, gros ou petits, lisses ou rugueux. Son cerveau enregistre ces différentes sensations et l'enfant développe ainsi sa perception *visuelle* (formes, grandeurs, couleurs, espace), *tactile* (textures) et *auditive* (sons des jouets, musique).

Pendant les six premiers mois, **l'aspect moteur du développement** est minimal. En fait, ce n'est que vers 4 mois que l'enfant commence à saisir volontairement les objets; auparavant, il arrivait à tenir un objet déposé dans sa main, mais il s'agissait d'un réflexe: le réflexe d'agrippement. Vers 4 mois, il apprend à faire travailler ensemble ses yeux et ses mains. Les yeux indiquent aux mains la cible à atteindre: c'est le début de la coordination œil-main. Il s'intéresse aux jouets qu'il peut prendre dans ses mains, comme un hochet, et encore davantage s'ils font du bruit. Il apprécie également les jouets de dentition, qui ont pour lui deux fonctions: stimuler sa coordination œil-main et soulager la douleur lors des poussées dentaires.

Au plan de la motricité globale, le contrôle se développe de la tête aux pieds. Le bébé maîtrise d'abord les mouvements de sa tête et ensuite de son tronc, ce qui lui permet de se tenir en position assise, et plus tard de tout son corps; il pourra alors se mettre debout, puis marcher.

Le contrôle de la tête commence dès l'âge de 2 mois: dans les bras de l'adulte, le bébé réussit à se tenir la tête droite quelques instants. Quand il est éveillé, si on le dépose à plat ventre sur un tapis, il peut relever la tête, allant contre l'effet de la gravité et, vers 4 mois, il saura s'appuyer sur ses avant-bras.

Au cours des six premiers mois, il apprend à rouler sur lui-même, d'abord du ventre vers le dos. Les premières fois, c'est le plus souvent par hasard: soulevant un bras, il est déséquilibré et tombe sur le dos. Vers six mois, il roule du dos vers le ventre, ce qui est plus difficile puisqu'il doit alors contrer l'effet de gravité. Au même moment, il commence à tenir la position assise, malgré la précarité de son équilibre et la fragilité de ses réactions pour prévenir les chutes.

Quant au développement cognitif, dès le premier mois le bébé imite un adulte qui tire la langue à environ 20 cm de son visage. Surprenant, n'est-ce pas ? Bien sûr, il faut attendre plusieurs mois avant d'observer fréquemment des comportements d'imitation chez l'enfant. Vers 5 mois, il sourit à son image dans le miroir, même s'il ne se reconnaît pas. Vers 6 mois, il découvre la relation de cause à effet, à savoir que son action provoque une réaction dans son entourage : s'il bouge un hochet, il entend un bruit ; s'il lance un objet, celui-ci tombe par terre. L'enfant aime les jouets réactifs, ceux qui réagissent à son action par un bruit, par une lumière, par l'apparition d'un personnage ; l'effet obtenu l'incite à répéter l'action afin de provoquer à nouveau cet effet.

Jusqu'à 6 mois, bébé gazouille et fait des sons, mais il utilise surtout ses pleurs pour communiquer ses besoins. Vers 6 mois, il comprend le sens d'un message à partir du ton de la voix; il a déjà saisi qu'on ne dit pas son amour en criant et qu'on ne chicane pas en murmurant.

Au plan affectif, le bébé de cet âge exprime ses désirs et ses besoins en réagissant avec tout son corps : quand il pleure, ses bras et ses jambes sont tout aussi actifs que son visage. Le jeune enfant a du mal à attendre pour obtenir satisfaction. En répondant à ses besoins, on lui fait savoir qu'il est important puisqu'on s'en occupe ; on pose ainsi les bases grâce auxquelles il développera un sentiment de confiance envers les autres et lui-même.

Vers 6 mois, il commence à reconnaître les gens de son entourage et à s'attacher de façon particulière à sa mère. Il veut la suivre partout et proteste quand elle le laisse. L'enfant ne semble pas avoir de « quotas » d'attachement ; il s'attache à plusieurs personnes : son père, un grand frère ou une grande sœur.

Il existe un lien entre le développement affectif et le développement cognitif. Rien de très étonnant à cela ; comment être curieux d'apprendre et de faire des découvertes quand on est malheureux ? Le bébé a besoin d'être heureux et bien dans sa peau pour se développer au plan intellectuel.

Comme **l'aspect social** du jeu fait l'objet d'un chapitre, limitons-nous ici à mentionner que ses partenaires de jeu habituels pendant cette période sont ses parents et qu'il apprend également à jouer seul.

En résumé
de la naissance à 6 mois

L'enfant présente les caractéristiques suivantes :

- découvre les parties de son corps et les objets par ses sens : il les touche, les regarde, les bouge, les écoute, les porte à sa bouche ;
- réagit avec tout son corps ;
- fait des sons ;
- demande à satisfaire immédiatement ses besoins.

Vers 6 semaines :

- fait son premier sourire.

Vers 2 mois :
- commence à maîtriser les mouvements de sa tête.

Vers 4 mois :
- commence à saisir volontairement les objets ;
- s'appuie sur ses avant-bras quand il est à plat ventre.

Vers 6 mois :
- découvre les premières relations de cause à effet ;
- roule maintenant du dos au ventre après avoir appris à rouler du ventre au dos ;
- tient la position assise ;
- reconnaît le message affectif à partir de l'intonation de la voix ;
- commence à s'attacher spécifiquement à une personne.

Dans le jeu, l'enfant présente un intérêt marqué pour...

- le visage humain ;
- les objets brillants, en mouvement, offrant des contrastes de couleur ou produisant des sons ;
- les bercements, les bains, les caresses, les chansons douces ;
- ses parents en tant que partenaires de jeu ;
- le jeu solitaire.

De 6 à 18 mois
L'enfant explore l'espace et manipule les objets

À cette deuxième étape, la curiosité de l'enfant se concrétise dans l'action : ses capacités motrices lui permettent désormais de saisir les objets à sa guise, de poser différents gestes, de changer de position et de se déplacer. L'enfant devient de plus en plus actif ; c'est la grande aventure de la découverte qui commence.

Au cours de cette période, l'enfant apprend à se mouvoir par ses moyens et il explore l'espace. Vers 7 mois, **ses premiers déplacements** se font en rampant, quoique certains enfants sautent cette étape. Apprendre à ramper est parfois frustrant, car les premières tentatives poussent souvent l'enfant à tourner davantage en rond ou même à reculer plutôt qu'à avancer. Puis, vers 9 mois, il commence à marcher à quatre pattes. Cette capacité à se déplacer par lui-même lui offre une nouvelle perspective sur ce qui l'entoure, lui faisant découvrir l'envers des choses (le dessous de la table et des chaises) et lui offrant de nouvelles expériences (toucher cette plante qui descend en cascade et lui chatouille le nez ; tirer cette nappe qui est presque à portée de main; laisser tomber ce jouet dans la cuvette des toilettes qu'il vient tout juste de découvrir !)

Dès lors, il faut être vigilant et offrir à l'enfant un environnement sans danger. Il est donc important de revoir l'aménagement de la maison : nous reviendrons sur la sécurité dans un chapitre ultérieur.

Puis vient le grand jour des premiers pas. Bien sûr, avant d'y parvenir, l'enfant s'est probablement retrouvé en position debout, au milieu du salon, sans savoir quoi faire. Graduellement, il a appris à se déplacer de côté en se tenant aux meubles, puis à avancer lorsque tenu par les deux mains, et enfin par une seule. Maintenant, il marche comme un grand… ou presque. Au début, l'enfant concentre tous ses efforts sur la marche elle-même. Puis, il la combine à une autre activité, comme transporter, pousser ou tirer un objet. À compter de 12 mois environ, l'enfant n'est plus tributaire de ses parents pour aller là où il veut : il devient… indépendant !

L'enfant adopte différentes positions de jeu : il joue assis par terre, couché sur le ventre ou sur le dos, à genoux près d'une table basse. Il apprend à garder son équilibre dans ces différentes positions et à se protéger pour éviter de tomber.

Au plan de la motricité fine, vers l'âge de 6 ou 8 mois, l'enfant porte tout à sa bouche et il est désormais capable de saisir des objets de différentes formes. Maintenant il tente d'empiler les objets, de les déplacer, de les vider de leur contenu, de les remplir, de les ouvrir et de les fermer. Vers 9 ou 10 mois, l'enfant peut relâcher volontairement les objets. Avant, à la vue d'un objet qui l'attirait, l'enfant ouvrait la main pour le saisir et ainsi laissait tomber celui qu'il tenait : cette action n'était toutefois pas volontaire. Elle était fortuite. Désormais, c'est lui qui décide de laisser tomber un objet. Il prend d'ailleurs grand plaisir à exercer cette nouvelle habileté, vidant et emplissant inlassablement les contenants.

Vers 12 mois, il saisit de tout petits objets entre son pouce et son index, comme cette épingle tombée du panier de couture de maman ou cette pièce de monnaie qui brille au soleil. Encore une autre raison d'être vigilant ! Vers 15 mois, il tourne les pages d'un livre, mais il en tourne souvent plusieurs à la fois.

Au plan cognitif, il manifeste une intention dans son comportement dès l'âge de 6 ou 7 mois. Ses gestes ne sont plus faits au hasard : il veut saisir tel objet, il crie pour obtenir telle chose précise. Vers 8 mois, il commence à s'intéresser aux détails, comme le petit papillon dans cette image ou ce bouton doré sur votre vêtement. Vers 10 mois, il peut faire « au revoir » de la main ou « bravo » en tapant dans ses mains.

L'enfant connaît de mieux en mieux son environnement. En répétant ses expériences, et malgré certains échecs, il renforce ses acquis. Par tâtonnement aussi, il découvre des techniques efficaces de construction ; par exemple, avec l'expérience, il comprend que sa tour de blocs est plus solide si sa base est appuyée sur de gros blocs. L'enfant refait les mêmes actions, même s'il les réussit bien. Cette répétition, qui serait source d'ennui pour nous, les adultes, permet à l'enfant d'acquérir un sentiment de maîtrise et de prendre confiance en ses capacités.

Vers 1 an, l'enfant prend plaisir à imiter des gestes simples : porter son téléphone-jouet à son oreille, mettre son chapeau, se peigner les cheveux. Il commence aussi à faire le lien entre les mots et les objets. À 15 mois, un mot a souvent valeur de phrase. S'il dit « papa », cela peut vouloir dire : « Papa arrive ! Je veux voir papa… Où est papa ? » À vous de décoder son message et de comprendre ! Vers 18 mois, il sait joindre deux mots.

À cette étape, sa compréhension de la relation de cause à effet se raffine. Entre 8 et 12 mois, il se rend compte que la réaction provoquée par son action vient non seulement des objets (le ballon roule sous la poussée qu'il lui donne), mais aussi des personnes. Ainsi, tel comportement entraîne un sourire chez l'adulte, alors que tel autre provoque une réaction négative. Il commence aussi à associer certaines situations et leurs effets désagréables ; par exemple, il repousse la main qui tend un médicament.

Vers 10 ou 12 mois, l'enfant découvre le concept de permanence de l'objet, à savoir qu'une personne ou un objet continuent d'exister même s'il ne les voit plus. Cette découverte concerne d'abord sa mère. Même si celle-ci est hors de sa vue, l'enfant comprend dorénavant qu'elle existe toujours. Auparavant, ce que l'enfant ne voyait pas avait disparu. On comprend aisément pourquoi il réclamait à hauts cris la réapparition de cette mère disparue : ce n'est pas seulement la faim ou les couches mouillées qui font pleurer les bébés.

Entre 6 et 10 mois, l'enfant mène d'ailleurs des expériences qui l'aident à comprendre cette réalité. Assis dans sa chaise et tenant à la main un objet, il fait de la magie. À cet âge, comme le relâchement des objets est involontaire, l'enfant qui tient un objet dans ses mains, peut se retrouver les mains vides sans trop savoir comment : il a fait disparaître l'objet. Puis il se rend compte que cet objet, qu'il avait en main quelques instants plus tôt, se retrouve maintenant par terre ; il n'a donc pas disparu, même s'il ne le voit plus. Il répète ce jeu avec plaisir.

Le jeu de « coucou ! » est un autre jeu qui l'aide à saisir cette réalité. Quand vous cachez votre visage derrière une couverture, puis que vous le faites réapparaître, l'enfant prend plaisir à anticiper vos gestes et il est ravi de constater qu'il avait raison de penser que vous étiez toujours là. Vers 18 mois, comme la permanence de l'objet est alors bien intégrée, l'enfant craint moins d'être séparé de sa mère puisqu'il sait dorénavant qu'elle ne disparaît pas quand il ne la voit plus.

Au plan affectif, l'enfant peut manifester de la peur face à un étranger, réagissant par des cris ou des pleurs. Ce comportement, observable chez certains enfants vers 8 mois, est souvent associé par les parents à une timidité naissante : il n'en est rien. Il faut plutôt comprendre une telle réaction comme une manifestation d'attachement de l'enfant aux siens, qu'il distingue des personnes inconnues pour lesquelles il manifeste une certaine réserve.

Dans certaines situations, l'enfant utilise un objet pour se rassurer; ainsi, il réclame sa couverture ou son ourson quand il se couche ou quand il se fait garder. Un tel objet consolateur, adopté par 80 p. 100 des bébés, le réconforte quand il a de la peine et l'aide à supporter d'être séparé des siens. Cet objet, même vieux et déchiré, est un précieux trésor pour l'enfant.

À cette période, ses partenaires de jeu sont ses parents, ainsi que ses frères et sœurs.

En résumé de 6 à 18 mois

L'enfant présente les caractéristiques suivantes:

À partir de 6 mois:
- garde l'équilibre en position assise;
- tient seul sa bouteille;
- adapte sa préhension aux formes des objets (cube, cylindre, sphère) et à leurs grosseurs.

Entre 6 et 8 mois:
- porte souvent les objets à sa bouche;
- manifeste une intention dans son comportement;
- peut manifester de la crainte face aux étrangers.

Vers 7 mois:
- se déplace en rampant.

Vers 9 mois:
- se déplace à quatre pattes;
- relâche volontairement les objets;
- commence à dire de vrais mots (papa, maman).

Vers 12 mois :
- saisit, entre son pouce et son index, des objets aussi petits qu'une bille ou un sou;
- prend conscience de l'effet de son action sur les objets et les personnes;
- garde l'équilibre en position debout;
- fait ses premiers pas;
- imite des actions simples;
- regroupe les objets selon leur forme ou leur couleur;
- comprend la relation de cause à effet.

Entre 12 et 18 mois :
- explore son environnement;
- comprend le concept de permanence de l'objet;
- comprend le fonctionnement des objets;
- explore les divers usages du matériel de jeu;
- fait une tour avec deux ou trois blocs (vers 15 mois);
- répète son action pour mieux la maîtriser;
- comprend des demandes simples.

Dans le jeu, l'enfant présente un intérêt marqué pour...

- les détails d'une image dans un livre (surtout à partir de 8 mois);
- son action plutôt que pour la présence des autres enfants;

- vider et remplir des contenants, les ouvrir et les fermer, emboîter les objets (à partir de 10 mois);
- le jeu de « coucou ! »;
- un objet consolateur dans les moments de tristesse ou de solitude;
- ses parents, ses frères et ses sœurs comme partenaires de jeu.

De 18 mois à 3 ans
L'enfant joue de façon conventionnelle, puis de façon imaginative

Vers 18 mois, l'enfant utilise son matériel de jeu de manière appropriée; il sait comment répondre à son téléphone-jouet ou faire avancer son camion. Il comprend la véritable fonction des objets et les utilise en conséquence. Auparavant, l'enfant se servait des objets de façon isolée; maintenant il commence à les combiner : le camion transporte des animaux, l'enfant utilise sa brosse à cheveux pour faire une beauté à son ourson. Il apprend rapidement le fonctionnement d'un nouveau jouet.

À l'étape précédente, l'enfant cherchait à quoi pouvaient servir les objets; à celle-ci, il leur trouve de nouveaux usages. Il imite des scènes de la vie quotidienne et ses imitations ne sont pas toujours, comme auparavant, en temps direct; désormais, il est capable de reproduire une situation qu'il a observée.

Jeu symbolique, jeu de faire semblant, humour et créativité

Le jeu symbolique mérite qu'on s'y arrête puisqu'il témoigne d'une nouvelle activité mentale chez l'enfant: la représentation. Dorénavant, l'enfant se représente un objet à partir d'une image mentale, utilisant le symbole de cet objet; il se réfère à un objet absent comme s'il était présent grâce à un mot, à un dessin, à une illustration ou à un autre objet. Ainsi, une pomme peut être représentée par le mot « pomme », par une forme ronde et rouge sur un papier, par l'image d'une pomme dans un livre, ou par une balle rouge. L'enfant comprend que le symbole n'est pas l'objet, mais qu'il le représente. Dès lors, il a un véritable attrait pour les histoires illustrées car il saisit que les images représentent des objets précis.

L'enfant est alors prêt pour le jeu de *faire semblant*. Un petit test pour savoir si votre enfant est rendu à cette étape? Avec un livre d'images, amusez-vous à simuler diverses actions: manger la pomme, éteindre la chandelle ou sentir la rose. Peut-être votre enfant vous trouvera-t-il de prime abord un peu bizarre, mais après une brève hésitation, son sourire vous informera qu'il comprend ce que vous faites et qu'il trouve cela amusant. Si tel est le cas, vous saurez que l'enfant a compris que l'image est une représentation, un *symbole* de la réalité (ce n'est pas une vraie rose, ce n'est qu'une image), mais qu'on peut s'amuser à faire *comme si* c'était vrai; en d'autres mots, il comprend le jeu de faire semblant. S'il persiste à vous regarder étrangement et ne semble pas réagir à ce que vous faites, attendez quelques semaines. Il doit d'abord connaître les divers objets et leurs fonctions respectives avant de s'amuser à ce type de jeu.

Ce jeu de faire semblant est à la base du développement de l'humour chez l'enfant. À quoi sert l'humour? À rendre la vie plus amusante, bien sûr. Mais encore? Chez l'enfant, l'humour est associé à la créativité qui permet d'envisager une situation de différentes façons ou de trouver plusieurs solutions à un problème. Des études ont souligné l'impact potentiel de la créativité, manifestée dans le jeu, sur la capacité future de la personne à solutionner les problèmes de façon originale.

De fait, la créativité permet de porter un regard différent sur les événements et donc de développer une souplesse d'esprit. Plus l'enfant est créatif, plus il sait résoudre les difficultés avec ingéniosité et plus il s'adapte facilement aux situations.

La première étape du développement de l'humour consiste à *utiliser les objets pour autre chose que leur fonction première*. Ainsi l'enfant peut faire semblant que ce contenant de crème glacée est un bol à mélanger, une banque, un chapeau ou encore une boîte aux trésors. Dans le même sens, la cuiller de bois se transforme en baguette de tambour, le bac à linge devient le traîneau dans lequel on fait de longues balades dans le salon.

À mesure que son langage se développe, l'enfant commence à jouer avec les mots. Certains mots tels que *pipi* ou *caca* semblent avoir pour les enfants un caractère très drôle qui échappe aux adultes. Toutefois c'est surtout *l'appellation inhabituelle des objets* qui amuse l'enfant. Vous voulez savoir si votre enfant est à cette étape ? Devant un chat, dites-lui : « Oh ! Le beau cheval ! » Pour qu'il trouve cette affirmation drôle, il doit d'abord savoir ce que sont un chat et un cheval, et savoir aussi que ces deux animaux ne se ressemblent pas. Il comprend alors que le jeu consiste à changer les noms, et il s'amuse à le répéter et à l'appliquer à autre chose. Cette étape ressemble à la première, mais requiert le langage. Changer les cris des animaux peut également faire sourire l'enfant (« Moi, mon chat jappe ») dans la mesure, bien sûr, où il sait ce qui appartient à chacun.

Concernant le langage, l'enfant peut apprendre des comptines simples vers l'âge de 2 ans. Il dispose alors d'un vocabulaire de 20 à 30 mots. Il peut d'abord pointer sur demande les parties du corps, commençant par celles du visage, avant de savoir les nommer. Il en est de même pour les couleurs ; il voit lesquelles sont semblables, et les pointe sur demande avant de les nommer. Il reconnaît son image dans le miroir depuis l'âge de 18 mois.

Quant au dessin, les premiers essais de l'enfant sont des gribouillis : il n'a alors aucune intention de représenter quoi que ce soit. Ce qu'il veut, c'est faire glisser le crayon sur la feuille et y laisser sa marque, ce qui est davantage une expérience motrice qu'une activité d'expression. Il joue volontiers avec les couleurs et s'amuse du résultat produit par le mouvement de sa main.

Considérant la motricité fine, on peut observer vers l'âge de 2 ans que l'enfant préfère une de ses mains pour faire des activités comme gribouiller, manger, ou saisir des objets. Cependant, sa latéralité (soit le fait d'être droitier ou gaucher) ne s'établit définitivement qu'à l'étape suivante. À cette étape-ci toutefois, sa coordination fine s'améliore ; il peut enfiler des perles sur un cordon. Il peut aussi faire une tour avec des blocs, tour qui montera avec l'âge; à 18 mois, elle se compose de trois ou quatre blocs, à 24 mois, elle en compte six ou sept et à 36 mois, neuf ou dix. En ce qui concerne le découpage, l'enfant de 2 ans a besoin qu'on lui tienne le papier parce qu'il saisit les ciseaux à deux mains quand il tente de faire un trait dans le papier.

Au cours de cette étape, l'enfant raffine **ses déplacements.** Il apprend à courir, à monter et à descendre les escaliers. Vers 18 mois, il commence à lancer un ballon ; vers 2 ans, il le frappe avec le pied. À cette étape, il découvre le plaisir de jouer à la cachette.

Au plan affectif, c'est une période où l'enfant s'affirme ; il veut faire les choses tout seul. Comme il le dira souvent, « je suis capable ». Certains comparent cette période à une première adolescence. De fait, vers 2 ans, l'enfant a un grand désir d'autonomie: lors d'une marche avec papa ou maman, il refuse de leur donner la main ou d'être porté dans les bras des adultes. Il ne faut pas voir ce comportement comme une confrontation de l'autorité parentale, mais plutôt comme un besoin chez l'enfant de s'affirmer. Il fait d'ailleurs preuve d'ambivalence: il veut décider par lui-même, mais en même temps il craint d'aller trop loin et de perdre alors l'amour de ses parents. Il hésite entre devenir un grand et rester un bébé. À cet âge, l'enfant a de la difficulté à tolérer la frustration et à attendre. Ce qu'il désire, c'est tout de suite qu'il le veut.

Témoignant de ses préoccupations en lien avec l'entraînement aux toilettes, il manifeste un grand intérêt pour les jeux salissants qu'il fait avec la glaise, la peinture aux doigts ou du sable, et il chérit aussi les jeux de contrôle: collectionner, aligner, classer, vider et emplir. Fréquemment, il manifeste des peurs: peur d'être dévoré, peur des gros animaux, peur du noir. Établir et respecter un rituel au moment du coucher peut lui éviter ces peurs, qui surgissent davantage le soir.

Cette période est caractérisée par la répétition, l'exploration et les essais-erreurs. Par ses tentatives répétées, l'enfant parvient à diminuer les erreurs et à agir de plus en plus efficacement.

Au plan social, c'est l'étape du jeu en parallèle; l'enfant aime être en présence d'autres enfants sans toutefois vraiment partager leurs jeux. Vers 3 ans, il peut jouer quelques minutes avec d'autres enfants.

En résumé de 18 mois à 3 ans

L'enfant présente les caractéristiques suivantes :

Vers 18 mois :
- fait une tour avec trois ou quatre blocs;
- lance le ballon;
- utilise une vingtaine de mots;
- explore beaucoup;
- commence à courir;
- utilise un crayon;
- répète les mêmes gestes pour mieux maîtriser une activité;
- pointe les images de ce qu'on lui nomme;
- se reconnaît dans un miroir.

Vers 2 ans :
- fait une tour avec six ou sept blocs;
- frappe le ballon avec le pied;
- tourne les pages d'un livre, une à la fois;
- joue à côté des autres enfants (jeu parallèle);
- nie pour s'affirmer (première adolescence) : « Non ! Je suis capable ! »;
- comprend les termes *en haut, en bas.*

2 ou 3 ans :
- connaît environ 200 mots;
- est ambivalent entre demeurer un bébé et grandir;
- tolère la frustration pendant une courte période;

- pointe les parties du corps, en commençant par celles du visage, puis les nomme;
- gribouille;
- comprend les mots *dans, sur, gros, petit;*
- trouve de nouvelles fonctions aux objets;
- joue avec les autres pendant quelques minutes.

Dans le jeu, l'enfant présente un intérêt marqué pour...

- les casse-tête (puzzle), les tour de blocs;
- les dessins, la pâte à modeler, la peinture;
- les jeux d'imitation;
- le jeu de faire semblant;
- les jeux salissants.

De 3 à 5 ans
L'enfant développe ses scénarios de jeu

Dorénavant, l'enfant puise abondamment dans son imagination pour créer un jeu: il imagine des scénarios plus élaborés qu'à l'étape précédente, donnant des rôles précis aux divers personnages. S'il les partage avec des partenaires, ces jeux de rôles favorisent le développement de la sociabilité de l'enfant car il doit attendre son tour, tenir compte des autres et suivre certaines règles. À cet âge, l'enfant prend plaisir à se déguiser et son imagination aidant, il le fait avec un minimum d'accessoires: il suffit d'un linge à vaisselle noué sur les épaules pour qu'il devienne Superman délivrant un ami aux prises avec de terribles ennemis.

De 3 à 5 ans, l'enfant croit aux fantôme, aux fées et... au père Noël. Tout ce qu'il désire ou imagine est réel. Il se retrouve dans un univers parfois plus près du rêve que de la réalité. Les cauchemars sont fréquents. Il répète souvent ses questions, car il ne comprend qu'une dimension à la fois. Ce qu'il ne comprend pas, il l'imagine. Cela aussi peut faire naître des peurs et favoriser des cauchemars.

Au plan du développement de l'humour, l'enfant, vers 3 ans, trouve amusant de mettre en lien des objets et des actions qui ne vont pas ensemble. Par exemple, imaginer une bicyclette avec des roues carrées, dessiner des poissons volant dans le ciel, des oiseaux nageant dans l'océan. L'enfant doit avoir assimilé les divers traits de l'objet et être conscient du caractère insolite de ces juxtapositions pour les trouver amusantes. Après avoir joué avec les mots à l'étape précédente, il est maintenant capable de jouer avec des concepts.

La prochaine grande étape du développement de l'humour chez l'enfant n'a lieu que vers 7 ou 8 ans, quand il comprend qu'un même mot peut avoir deux sens différents. Il est alors fasciné par des jeux de mots à double sens : « Qui a inventé les gants ? Réponse : Un humain (un nu-main). » En attendant, pour l'enfant de 3 ans, chaque mot a un sens unique. À titre d'exemple, une maman enceinte invite son fils de 3 ans à mettre sa main sur son ventre pour sentir bouger le bébé. Elle lui demande : « Le sens-tu ? » En inspirant une bonne bouffée d'air, l'enfant lui répond : « Hum ! Il sent bon. » Pour l'enfant de cet âge, on sent avec son nez, pas avec sa main. Voici un autre exemple de cette caractéristique de la pensée de l'enfant qui donne lieu à des jeux de mots savoureux. Cet enfant qui déclare, un bon matin, que ce qu'il a devant lui n'est certainement pas un œuf à la coque, mais bien... un œuf à la poule ! Pour lui, « coq » ne fait référence qu'au mâle de la poule.

Dans ses dessins, l'enfant tente de reproduire des objets ou des personnes, mais vers 3 ans, mieux vaut attendre qu'il ait terminé pour lui demander ce qu'il dessine. Il ne saurait répondre... puisqu'il n'a pas terminé. Dépendant des lignes tracées par son crayon, une fois son dessin terminé, il trouve une ressemblance avec un objet ou une situation, et peut alors nommer ce qu'il a fait. Ses dessins peuvent d'ailleurs changer de description dans le temps : quelques mois plus tard, il peut y voir tout autre chose.

Jusque vers 7 ou 8 ans, il dessine ce qu'il connaît et non ce qu'il voit. Ainsi, comme il sait qu'une auto a quatre roues, l'enfant les dessine toutes, peu importe la position de la voiture. Dans ses dessins, on peut aussi noter des effets de transparence : on voit le corps et les jambes d'un personnage même s'il est couché sous une couverture ou assis dans l'auto.

En ce qui a trait au dessin du bonhomme, les premières tentatives sont produites vers 4 ans et consistent en une forme ronde représentant la tête à laquelle sont rattachés deux traits pour les bras et deux autres pour les jambes. C'est le bonhomme têtard. Puis l'enfant dissocie la tête du tronc, faisant deux cercles l'un sur l'autre, à la manière des bonhommes de neige, mais le cou n'apparaît que plus tard.

Les habiletés motrices et cognitives de l'enfant lui permettent dorénavant de faire des constructions simples qui stimulent chez lui le sens mathématique et la logique ; logique de l'assemblage, rapport taille-espace, notion de gravité. Désormais, il sait aussi utiliser divers outils, comme les ciseaux et le crayon. Après avoir tenu les ciseaux à deux mains, il peut maintenant, vers 3 ans, les tenir d'une seule main et faire une frange, utilisant l'autre main pour tenir le papier ; un peu plus tard, il réussira à couper une bande de papier et, ensuite, à découper des formes simples.

Vers 4 ans, la latéralité est en général bien établie : l'enfant est droitier ou gaucher. Il faut alors penser à lui offrir des outils appropriés : ciseaux de gaucher ou de droitier. Sa préhension du crayon se raffine ; après l'avoir saisi à pleine main à l'étape précédente, il sait maintenant le tenir comme l'adulte.

Concernant la motricité globale, au cours de cette période l'enfant apprend à utiliser de l'équipement. Vers l'âge de 3 ans, il pédale sur un tricycle et vers 5 ans, il chevauche une bicyclette. Dès l'âge de 4 ans, il est capable de gestes et de mouvements plus complexes. On le voit courir avec adresse et il peut apprendre certaines techniques de nage. Il adore les culbutes et les cabrioles, tout autant que les activités extérieures : se balancer, courir, glisser. Vers 5 ans, ses habiletés de coordination lui permettent de tenir sur des patins et d'apprendre à sauter à la corde.

Au plan affectif, l'enfant de 3 ans a encore du mal à supporter les frustrations et il éprouve des difficultés à accepter un délai avant d'obtenir satisfaction. Tout doucement cependant, il apprend à faire des efforts pour obtenir un résultat et il commence à apprécier le fruit d'un travail. À 4 ans, l'enfant aime faire des spectacles et se mettre en valeur. Il est conscient de l'effet qu'il produit et il a une grande estime de ses capacités.

Au plan social, au cours de cette période, les amis prennent de plus en plus d'importance : l'enfant aime jouer avec les autres. Toutefois, vers 3-3½ ans, il lui est plus facile de n'avoir qu'un seul partenaire de jeu : cela évite bien des querelles. Jouer avec un seul ami à la fois est plus facile et correspond aussi à ce que l'enfant préfère. À cet âge, l'enfant démontre de l'*égocentrisme*, qu'il ne faut pas confondre avec de l'égoïsme. L'égocentrisme est une caractéristique de son développement cognitif qui l'amène à tout considérer à partir de lui-même : tout le monde pense comme lui et aime les mêmes choses que lui; son point de vue prime sur celui des autres. Il est incapable de se mettre à leur place.

Vers 4 ou 5 ans, ses habiletés sociales se développent : l'enfant apprend alors à partager ses jeux avec d'autres enfants et découvre les joies de l'amitié. Vers 5 ans, il développe un intérêt pour les jeux de règles simples tels que le tic-tac-to, le jeu de dames, les jeux de mémoire.

EN RÉSUMÉ
DE 3 À 5 ANS

L'enfant présente les caractéristiques suivantes :

Vers 3 ans :
- attrape une balle;
- joue à faire semblant;
- pédale sur un tricycle;
- tient seul les ciseaux et découpe une frange;
- identifie ses dessins après coup;
- croit aux fantômes, aux fées et au père Noël;
- joue avec les mots;
- aime jouer avec un seul ami à la fois;
- fait des phrases simples;
- comprend les termes *à côté, sur, sous*;
- fait des casse-tête (puzzle) de six à dix morceaux;
- fait des constructions simples;
- fait une tour avec neuf ou dix blocs;
- enfile de petites billes.

Vers 4 ans :

- lance et attrape un balle ;
- déborde d'imagination ; fabule, mélangeant réalité et monde imaginaire ;
- découpe le long d'une ligne droite ;
- dessine des formes simples (cercle, carré, croix) ;
- conduit bien son tricycle ;
- fait des casse-tête (puzzle) de dix à quinze morceaux ;
- manifeste une intention représentative dans ses dessins ;
- dessine un bonhomme têtard ;
- est un *pourquoi* ambulant ;
- aime se faire valoir ;
- recherche les petits groupes de deux ou trois enfants ;
- saisit le crayon comme l'adulte ;
- est mieux coordonné et fait des gestes complexes.

Vers 5 ans :

- conduit une bicyclette, fait bondir un ballon et essaie de sauter à la corde ;
- découpe des formes simples ;
- fait un dessin de bonhomme plus complet ;
- est habile avec ses mains ;
- s'attache à ses amis ;
- invente des histoires et répète celles qu'il a entendues.

Dans le jeu, l'enfant présente un intérêt marqué pour...

- les jeux de constructions ;
- les jeux d'imagination et de faire semblant ;
- les déguisements ;
- le bricolage ;
- les jeux de société simples ;
- les activités extérieures : courir, glisser, se balancer ;
- les jeux avec d'autres enfants.

Avec tout ce qui se passe dans le jeu, on comprend aisément que cette activité représente pour l'enfant une avenue de choix qui lui permet de développer toutes ses habiletés. Au-delà de nouvelles capacités, l'enfant se construit aussi une attitude susceptible de l'accompagner tout au long de sa vie ; en effet, selon certains auteurs, l'attitude ludique deviendrait un trait de personnalité à l'âge adulte. On connaît tous de ces adultes qui abordent la vie de façon positive, capables de dédramatiser les situations difficiles et même d'en dégager des aspects enrichissants. Un tel état d'esprit serait proche parent de l'attitude ludique qui invite à ne pas prendre la vie trop au sérieux et à ne pas se prendre trop au sérieux. Favoriser le jeu chez l'enfant, c'est aussi favoriser le développement d'une telle attitude.

Le jeu permet à l'enfant de faire une autre découverte fort importante et susceptible d'avoir aussi des répercussions sur sa vie future : apprendre peut être amusant. En jouant, il expérimente le plaisir de jouer, la magie de l'humour et la curiosité de découvrir. Il prend plaisir à être actif. L'enfant qui aura expérimenté le plaisir d'agir et d'apprendre sera curieux de découvrir toute la richesse de son entourage et s'intègrera aisément au milieu scolaire.

Comment les différentes notions de développement abordées dans le présent chapitre peuvent-elles être prises en compte par l'adulte qui joue avec l'enfant ? Comment utiliser les caractéristiques ludiques de l'enfant d'âge préscolaire pour lui proposer des activités de jeu adaptées à son niveau de développement ?

CHAPITRE 3

COMMENT JOUER AVEC UN ENFANT?

Jouer avec un enfant, c'est reconnaître son importance puisqu'on prend du temps pour être et faire avec lui.

Regarder jouer un enfant, être le spectateur attentif de son activité est fort intéressant pour un adulte qui le découvre alors sous un nouveau jour. Le jeu étant son domaine par excellence, l'enfant saura, sans nul doute, surprendre l'adulte par son ingéniosité et son imagination. Être l'objet d'une attention particulière de l'adulte est également agréable pour l'enfant, car il se voit alors investi d'une importance qui rehausse son estime de lui-même.

Par ailleurs, quand l'adulte souhaite partager l'activité de jeu de l'enfant, il n'a qu'à se laisser guider par lui, à se mettre en quelque sorte à son diapason. L'enfant prendra plaisir à tendre un objet à son partenaire adulte, à lui dire quoi faire, à lui annoncer ce qui va se passer et à lui donner un rôle précis à jouer.

L'adulte peut aussi, à l'occasion, prendre l'initiative de proposer à l'enfant des activités de jeu appropriées à son âge.

Il fera alors appel à sa spontanéité et à son imagination pour trouver des idées amusantes ; il peut aussi s'inspirer des suggestions qui suivent.

Quand un adulte souhaite jouer avec un enfant, il doit veiller à ne pas transformer le jeu en exercices ou en tâches qui visent des apprentissages précis. C'est un écueil à éviter à tout prix, sinon il n'y a pas de jeu possible. L'adulte doit aussi être attentif à ne pas stimuler l'enfant à outrance. Un enfant ne doit pas toujours être actif; comme tout le monde, il a aussi besoin de moments d'inactivité, de solitude. Trop c'est comme pas assez et, répétons-le, une sur-stimulation est aussi nuisible qu'une sous-stimulation.

Enfin, il faut respecter les préférences de l'enfant ; les manèges ne sont pas appréciés de tous, pas plus d'ailleurs que les massages. La musique en intéresse certains alors que d'autres préfèrent les livres. Les uns aiment mieux les caresses et les autres, les bercements. Sans se limiter exclusivement aux intérêts premiers de l'enfant, il est sage de les respecter et de les privilégier quand on joue avec lui.

Les suggestions qui suivent ne devraient être proposées à l'enfant que si vous avez le goût de jouer avec lui : alors seulement peuvent-elles être vraiment un jeu. Si elles vous apparaissent comme une tâche à accomplir, laissez tomber. Elles ne pourront atteindre l'objectif visé, à savoir favoriser une activité agréable avec l'enfant et le plaisir d'être ensemble.

Quand vous aurez le goût de jouer avec l'enfant et que l'enfant aura le goût de jouer avec vous, voici quelques suggestions d'activités de jeu possibles.

Des suggestions d'activités de jeu

DE 0 À 6 MOIS

Éveiller un jeune bébé, c'est saisir toutes les occasions de nourrir sa curiosité naturelle et de satisfaire son désir d'en savoir plus, tant sur lui-même que sur son environnement. Voici quelques suggestions pour s'amuser avec bébé.

L'inciter à regarder

- **Les yeux dans les yeux!** Le regarder et susciter son regard, répondant ainsi à son intérêt pour le visage humain.
- « **Regarde-moi ça!** » Mettre à sa vue des objets susceptibles d'attirer son regard : objets de couleurs, de grosseurs et de formes différentes.
- **Le clown rigolo**. S'amuser à faire le clown devant lui en reproduisant des grimaces : une bouche qui sourit exagérément et se referme bruyamment, ou qui imite le bruit d'un moteur, des sourcils qui s'arc-boutent, des yeux qui clignent, une langue qui s'agite puis disparaît, des lèvres qui frissonnent, des joues qui se gonflent. Aucun bébé ne résiste à ces mimiques et, vers 6 semaines, elles feront peut-être surgir le premier sourire de bébé.
- « **Je fais comme toi**.» Imiter ses expressions faciales, ce qui maintient son intérêt à vous regarder.
- **Le miroir qui réfléchit**. Installer un miroir près de la table à langer. Le jeu de la lumière sur le miroir et le mouvement de ses bras et de ses jambes attireront son regard.

En amenant le bébé à être attentif visuellement à son environnement, on l'incite à établir, par le regard, un contact avec les objets et les personnes. De telles activités l'aident à développer sa capacité à fixer une cible, à en suivre les déplacements et à regarder les gens autour de lui. De plus, le contact visuel entre un adulte et un enfant aide à établir une interaction entre eux. Si l'enfant vous regarde, vous serez davantage porté à le regarder et à lui parler.

L'inciter à écouter

- « **Qu'est-ce qu'on fait maintenant ?** » Prendre l'habitude de parler à l'enfant quand vous lui prodiguez des soins : « Je vais changer ta couche… Maintenant, tu sens bon. » Ce n'est pas parce que bébé ne parle pas qu'il ne bénéficie pas de votre monologue. Bien au contraire : en plus de stimuler son audition, vous lui faites entendre des mots qu'il comprendra dans quelques mois, précisément parce qu'il les aura entendus de nombreuses fois. Il pourra les utilisera à son tour.
- « **Fais dodo…** » Chanter à l'enfant de douces berceuses qui, en plus de susciter son intérêt, le prédisposent au sommeil.
- « **Regarde-moi parler !** » Vous placer devant l'enfant quand vous lui parlez : il verra bien votre visage et votre bouche, vous capterez ainsi son regard, lui offrant une stimulation aussi bien visuelle qu'auditive.
- « **Écoute !** » Lui faire écouter le tic-tac d'un réveille-matin ou d'une montre dans une oreille puis dans l'autre.
- « **Aaaa ! Oooo !** » Imiter les sons qu'il fait, ce qui l'incite à les répéter à son tour.

En rendant l'enfant attentif au monde sonore qui l'entoure, vous lui faites connaître son environnement et vous l'aidez à apprivoiser les bruits ambiants.

L'inciter à toucher et à être touché

La peau transmet un nombre impressionnant d'informations tactiles au système nerveux central. Il existe deux systèmes tactiles: le système de protection et le système de discrimination. Le premier permet de reconnaître ce qui est chaud, froid ou douloureux, et d'y réagir. Quant au système de discrimination, il permet de reconnaître les textures: douceur, rugosité, résistance, souplesse. C'est en quelque sorte un système de reconnaissance. C'est par sa bouche, son visage, ses mains et la plante de ses pieds que le bébé enregistre le mieux les stimulations tactiles.

- **Vive les câlins et les bisous!** Lui faire des câlins, des caresses, des massages: le bain et l'« après-bain » sont des moments privilégiés pour ces activités. En plus d'offrir à l'enfant une stimulation tactile, vous l'aidez aussi à ressentir les différentes parties de son corps en le lavant, en l'essuyant au sortir du bain, en le caressant, en l'enveloppant dans vos bras. Ce contact rapproché lui communique également votre amour pour lui.

- **Que c'est doux!** Lui faire découvrir la douceur des objets, en promenant sa main sur la peau de maman, sur la couverture de flanelle toute douce, en caressant sa joue avec son ourson.

- **Le vent taquin!** Lors de sorties, ne pas toujours cacher complètement son visage pour lui permettre de sentir le vent et même la neige sur sa peau.

- **À découvert!** À l'intérieur de la maison, quand la température le permet, le laisser en couches pour qu'il enregistre différentes sensations avec ses pieds, ses jambes et ses bras.

- **Quel doux vent!** Souffler doucement sur sa main; il comprend alors que vous êtes la cause de cette agréable sensation.

Par le toucher, bébé découvre la texture des objets environnants. Le toucher peut aussi faire fonction de messager affectif ; quand vous le prenez dans vos bras, vous pouvez lui communiquer votre amour et votre tendresse.

L'inciter à saisir des objets

- « **Tiens, c'est pour toi**. » Mettre un objet dans sa main ; vous pouvez alors observer le réflexe d'agrippement qui lui permet de tenir cet objet sans même en être conscient ; il en est de même quand vous déposez dans sa paume votre index sur lequel il referme les doigts.
- « **Des jouets pour tes mains**. » Déposer à la portée de l'enfant des jouets faciles à saisir, des jouets qui peuvent être pris à pleines mains (hochets, jouets de dentition). L'enfant tente de les toucher puis de s'en saisir ; il pratique ainsi sa coordination œil-main. Si l'objet réagit au mouvement de l'enfant, par exemple un hochet musical, l'enfant expérimente le lien de cause à effet, découvrant que c'est son geste qui provoque le bruit.

Lui faire découvrir le mouvement

- **Lourde, lourde, la tête !** Comme le bébé est généralement couché sur le dos dans son lit, compte tenu des craintes associées au syndrome de mort subite, il est intéressant, en périodes d'éveil, de le mettre à plat ventre sur un tapis ou une couverture à même le plancher. Il n'y a pas de danger puisque vous pouvez le surveiller et qu'il est sur une surface rigide. Très tôt, vous observerez qu'il tourne sa tête d'un côté et de l'autre. Puis il la redresse quelques secondes. Les premières fois que l'enfant sera couché sur le ventre, il manifestera sans doute son désaccord puisque, dans cette position, relever la tête lui demande un effort. À vous de capter son attention et de susciter son intérêt en vous plaçant face à son visage et en l'invitant à vous regarder, donc à redresser la tête contre la gravité. Dans cette position, il pratiquera aussi ses premières roulades sur le dos.

- **En roulant !** Plus tard, pour l'inciter à se tourner sur le ventre quand il est couché sur le dos, déposer des objets attirants quelques centimètres au-dessus de sa tête, de part et d'autre. Pour mieux les voir, l'enfant renversera la tête vers l'arrière et tendra son bras vers ces objets, ce qui l'amènera à se tourner sur lui-même. Vous remarquerez qu'au début, il tourne tout d'un bloc, puis il le fait par segments, d'abord les épaules, suivies des hanches.
- **Le doux roulis !** Le balancer doucement dans vos bras lui fait ressentir le mouvement dans l'espace et le console aussi à l'occasion.
- **En avant, toutes !** Faire le mouvement de pédalage avec ses jambes, lors des changements de couches, lui fournit une sensation agréable tout en lui faisant expérimenter des mouvements alternés aux membres inférieurs, comme ceux qui seront sollicités lors de la marche.

De telles expériences permettent à l'enfant d'enregistrer les mouvements dans l'espace et surtout de sentir son corps en mouvement.

De 6 à 18 mois

L'inciter à regarder

- **La nature bouge.** Lui faire voir la neige qui tourbillonne à l'extérieur ou les feuilles que le vent fait tomber.
- **C'est grand, grand !** Lors de sorties à l'extérieur, le prendre dans vos bras et lui faire découvrir la nature environnante : les feuilles qui se balancent, les enfants qui jouent, le chien

qui court devant vous, ce champ visuel tellement plus vaste que celui que connaît l'enfant à l'intérieur de la maison.

- **Les objets bougent**. L'inviter à suivre du regard un objet en mouvement: un mobile qui tournoie, un objet qui se balance.
- **Oh! les jolies bulles !** L'inviter à suivre du regard des bulles de savon et à les crever avec sa main.
- « **Coucou ! Tu ne me vois pas !** » S'amuser à faire des jeux de coucou, en cachant votre visage derrière vos mains et en le faisant réapparaître; l'enfant qui commence à saisir le concept de permanence de l'objet apprécie beaucoup ce jeu.
- «**Peux-tu le trouver ?** » Une variante du jeu précédent consiste à cacher un objet sous une couverture et à demander à l'enfant de le trouver. Quand il devient facile pour lui de repérer l'objet, on complique le jeu en faisant semblant de placer l'objet à un premier endroit pour finalement le déposer dans un autre. Même si l'enfant voit faire l'adulte, les premières fois il cherche l'objet dans la cachette initiale.
- **Le miroir magique**. Lui faire découvrir la magie du miroir qui copie ses gestes et qui lui montre une personne, même si elle est derrière lui; cela l'amusera même s'il ne s'y reconnaît pas avant l'âge de 18 mois.
- **Devenir miroir**. Assis face à l'enfant, l'inviter à reproduire vos gestes : poser une main sur sa tête, une autre en haut, fléchir la tête de côté, sourire à pleines dents.
- « **Vois-tu ?** » Attirer son attention sur le détail d'un objet ou d'une image, ce qui intéresse particulièrement l'enfant à partir de l'âge de 8 mois.
- **Le tourbillon**. Lui faire voir l'eau qui tournoie dans la cuve des toilettes quand vous faites partir la chasse d'eau. En plus de lui apporter une nouvelle expérience, c'est aussi l'occasion de le familiariser avec ce bruit étrange.

- **On contrôle le soleil**. Par une journée ensoleillée, lui faire suivre sur les murs les reflets du soleil dans un petit miroir.
- **Le langage des yeux**. Faire parler vos yeux : lui dire votre amour en le regardant, témoigner de votre complicité en lui faisant un clin d'œil de loin.

La vision contribue de façon majeure au développement de l'enfant ; grâce à elle, celui-ci a accès aux caractéristiques visuelles des objets (grandeurs, formes, couleurs) et il peut saisir le concept de permanence de l'objet. Le regard a aussi un pouvoir d'expression et familiarise l'enfant avec la communication non verbale.

L'inciter à écouter et à communiquer

- «**Tu veux ça ?**» Si un son semble avoir une signification précise pour l'enfant, réagir en tentant de l'interpréter ; toucher l'objet qu'il semble vouloir, le nommer sur un ton interrogatif, le lui tendre.
- **L'instrument magique**. Lui faire entendre la voix de papa au téléphone.
- **Le jeu du perroquet**. Répéter un son ou un mot qu'il émet, ce qui l'incitera soit à vous imiter à son tour, soit à se rendre compte que vous l'avez entendu et compris.
- **Le magicien de la voix**. Susciter sa curiosité en changeant le ton de votre voix pour la rendre aiguë comme celle d'un petit enfant ou grave comme celle du père Noël.
- **Le chanteur imprévisible**. Chanter une même chanson sur différents rythmes successifs ou chanter des chansons fort différentes : une douce ballade suivie d'une mélodie endiablée.
- **Le petit oiseau**. Lui faire découvrir que certaines personnes sifflent comme des oiseaux.

- « **On a tout le temps**. » Lui donner le temps d'indiquer ce qu'il veut; en attendant, lui sourire, ce qui lui démontre votre encouragement et votre confiance en lui.
- « **Où est-ce ?** » Lui demander de pointer les parties du visage que l'on nomme : « Où sont tes yeux? Et ta bouche ? »
- **Tous ces mots**. Associer les mots aux actions, aux objets et ce, dans le contexte d'une situation familière. Ainsi, le moment du bain est idéal pour lui faire connaître les parties de son corps : « Je lave ton ventre, tes bras », tandis qu'aux repas il découvre les mots liés à la nourriture. « Voilà de belles carottes! Veux-tu ton lait? » Comme il aura entendu souvent ces mots, il les reproduira plus facilement.
- **La chanson-thème**. Adopter une chanson ou une comptine comme thème pour certaines activités. Tout en stimulant l'audition de l'enfant, cela lui permet aussi d'anticiper l'activité; dès qu'il entend cette chanson, il sait ce qui va se passer. Ainsi, « Ma petite vache a mal aux pattes... » peut annoncer les changements de couches.
- « **Connais-tu ?** » Lui apprendre une comptine simple et lui demander de la rythmer en frappant dans les mains.
- **Le langage des mains**. Lui montrer à faire au revoir en secouant la main et bravo en tapant dans ses mains.
- **Des mots pour expliquer ses gestes**. Mettre des mots sur ce que fait l'enfant : « Tu laves ton canard? Il est tout propre ! »
- **Des sons qui intriguent**. Le rendre conscient des sons quotidiens : le bruit du sèche-linge, le miaulement du chat, le moteur du lave-vaisselle.
- « **D'où ça vient ?** » Lui faire découvrir l'origine de différents bruits dans la maison : téléphone, chasse d'eau, aspirateur.

- **Le nom des images**. Avec un livre illustré, nommer les images à l'enfant. Plus tard, lui demander de vous les montrer : « Où est le ballon ? Et la pomme ? »
- « **Vraiment ? Mais oui !** » Faire des jeux en alternance, des jeux où chacun intervient à tour de rôle. Par exemple, vous lui parlez, puis vous vous taisez quelques instants et recommencez à parler un peu plus tard. Si l'enfant fait un son, réagissez par des commentaires tels que : « Bien sûr. » Ce type d'activité lui donne l'expérience d'un échange verbal où chacun intervient à son tour.
- « **Meuh! Meuh!** » À compter de 12 mois, l'enfant prend plaisir à apprendre les cris des animaux, utilisant ses animaux en peluche comme références.

En parlant à l'enfant, vous enrichissez sa compréhension de l'environnement et vous servez de modèle pour communiquer. Les bruits ambiants lui deviennent rapidement familiers et lui apportent même un sentiment de sécurité; ainsi la radio qu'il entend dans le salon quand il est au lit le rassure sur votre présence.

Éviter d'utiliser le jargon du bébé en lui parlant (kiki, lolo), jargon qu'un adulte non initié ne comprendrait pas et que l'enfant devra de toutes façons délaisser pour réapprendre à parler correctement.

L'inciter à toucher et à être touché

- **Voir avec les mains**. L'inviter à chercher divers objets cachés dans le sable, ou dans un contenant rempli de pâtes alimentaires, et à les identifier par le toucher : « Ah ! C'est un bâton ! Ça, c'est ma balle ! »
- « **Doux ? Piquant ? Mou ?** » Lui faire toucher des jouets de différentes textures : doux, rugueux, mou, dur, piquant…

- « **C'est comment ?** » Lui faire découvrir diverses sensations (lourd, léger, chaud, froid, sec, mouillé) lors des activités quotidiennes, comme le bain ou les repas.
- « **La pluie sur ton ventre.** » Promener le jet de la douche-téléphone sur son ventre, son dos, ses cuisses.
- **Des bisous, encore des bisous**. L'embrasser sur le ventre ou dans le cou. Jouer à la petite bête qui monte, qui monte.

Pour familiariser l'enfant à une nouvelle texture (la barbe d'un visiteur ou autre), mieux vaut l'inviter à toucher l'objet plutôt que d'y poser nous-mêmes sa main : le petit touchera avec l'intensité et pour le laps de temps que son système nerveux peut supporter.

L'inciter à sentir

- « **Tu veux sentir ?** » Lui faire remarquer l'odeur d'une fleur, l'arôme d'un gâteau qui sort du four, le parfum de maman, la lotion après-rasage de papa, les épices dans la cuisine.
- **L'odeur de la propreté**. Lui faire sentir l'odeur du savon sur son corps lors du bain ou du lavage de mains.
- **Des découvertes grâce au nez**. Le familiariser avec diverses odeurs de la vie quotidienne : aliments (café, oignons), objets (morceaux de bois, de cuir).
- **Wouach!** Lui faire remarquer certaines odeurs moins agréables comme… le contenu de sa couche.
- **Les odeurs de la nature**. Lui faire sentir les fleurs et les légumes rapportés du marché ou du jardin.

L'inciter à bouger

- « **Le cow-boy fait le tour de la montagne…** » Quand il commence à contrôler son tronc, l'asseoir sur le sol entre vos cuisses, en le tenant par les hanches, et le balancer tout doucement vers la gauche, vers la droite, vers l'avant. Ce jeu, comme les deux suivants, invite l'enfant à développer ses réactions de protection en étendant les mains pour éviter les chutes. Une chanson rythmant les balancements augmente le plaisir de l'enfant.

- « **La montagne fait le tour du cow-boy...** » Faire la même activité, le tenant toujours par les hanches, mais cette fois, en étant assis sur une chaise et l'enfant, assis sur l'un de vos genoux avec une jambe de chaque côté. Cette activité est plus difficile que la précédente puisque l'enfant ne peut appuyer les mains sur le sol pour se retenir de tomber.
- **Bouger sans tomber**. Quand l'enfant commence à contrôler son tronc alors qu'il est assis par terre, déposer les jouets devant lui. À mesure qu'il sait se protéger des chutes vers l'avant, déposer quelques jouets sur les côtés, ce qui l'incite à développer ses réactions de protection de côté.
- **La boîte à marcher**. Fournir à l'enfant une grande boîte de carton qui lui arrive à la taille ou à la poitrine. Cet accessoire remplace avantageusement une poussette ou tout autre jouet commercial à pousser, et incite l'enfant qui commence à marcher à se déplacer sans risque par ses propres moyens.
- **Le petit cheval**. Installé sur une chaise, les jambes croisées, asseoir l'enfant sur votre pied et le faire sautiller en le tenant sous les aisselles (s'il contrôle bien sa tête) ou par les mains (s'il contrôle aussi son tronc). En plus de l'amuser, ce jeu de cheval lui fait expérimenter des mouvements rythmés et l'invite à contrôler son tronc.
- « **Je vais t'attraper.** » Le poursuivre à quatre pattes ; l'enfant aime particulièrement vous retrouver sur le plancher à ses côtés et il raffole des poursuites qui se terminent par des câlins et des bisous.

L'inciter à manipuler des objets

- « **Tu mets dedans?** » Fournir à l'enfant un contenant rempli d'objets de différentes formes et grosseurs; il prendra plaisir à les sortir puis à les remettre dedans. Ce jeu favorise divers types de préhension s'adaptant à la forme des objets tout autant que le relâchement volontaire pour déposer les objets dans le contenant.
- « **Elle est haute, ta tour !** » Avec des blocs de bois, inviter l'enfant à faire un train en les posant les uns à côté des autres; ou alors une tour, qu'on s'amuse ensuite à faire tomber, avant de recommencer.
- **Cuiller à tout faire**. À l'aide d'une cuiller de bois, s'amuser à mélanger des ingrédients imaginaires, puis à goûter à la préparation, ou alors s'en servir comme baguette de tambour.
- **Vive le sable**! Jouer dans le sable, emplir et vider un seau, utiliser une petite pelle, faire rouler une auto, faire des chemins avec les doigts.
- **Jeux dans l'eau**. Lors du bain, lui fournir des jouets à saisir, à emplir, à vider.
- « **Et après...** » En regardant un livre avec l'enfant, lui demander de tourner lui-même les pages.

De 18 mois à 3 ans

L'inciter à toucher

- **Une étrange sensation**. Passer le tuyau de l'aspirateur sur sa main ou son bras pour lui faire sentir la vibration.
- **Disparu !** Le rouler ou enterrer certaines parties de son corps dans la neige, dans les feuilles ou simplement dans une couverture.

- **Toucher la nature**. Lui faire toucher l'écorce d'un arbre, une feuille, une branche et pourquoi pas… un ver de terre.
- **C'est gelé.** Lui faire découvrir à quel point un glaçon qui sort du congélateur est froid.
- **Jouer avec les éléments.** L'enfant aime jouer dans le sable, dans la neige et dans l'eau.
- **Le dessin dans le dos**. L'inviter à identifier le dessin tracé dans son dos avec votre doigt : Est-ce un soleil ? une maison ? un arbre ?

À cet âge, l'enfant est curieux et aime expérimenter de nouvelles sensations.

Développer ses habiletés de communication

- **À vos rythmes !** Inviter l'enfant à suive le rythme d'une musique ou d'un comptine en frappant dans ses mains.
- « **Quels sont ces bruits?** » L'inviter à reconnaître des sons et des bruits particuliers qui viennent de l'extérieur : sonnette, bruits de voiture, cloche, sirène.
- « **Dis-moi .** » Lui demander d'identifier des objets familiers : « Où est ton ballon ? Vois-tu ton ourson ? » Ou de pointer des objets de telle couleur : « Y a-t-il du rouge dans la pièce ? » L'enfant pointe les objets avant de les nommer, ce qui est vrai aussi des couleurs.
- « **Où sont… ?** » Lui demander de nommer les parties du visage que l'on pointe, nez, oreilles, front : « Qu'est-ce que c'est ? »
- **L'oubli volontaire.** Oublier de lui donner un objet nécessaire à une activité. Par exemple, oublier de lui fournir des crayons avec le papier, la cuiller au repas ou du lait avec ses céréales ; ce genre d'oubli l'incite à réagir et à faire des demandes, donc à communiquer ses besoins.

- **Le visage qui parle**. Vous amuser à produire diverses mimiques (joyeuse, surprise, fâchée, fatiguée) ou à identifier celles illustrées dans les livres (« Oh ! La petite fille a l'air fâché ! ») ; tenter de décoder les expressions faciales de l'enfant : « Tu n'as pas l'air dans ton assiette ce matin. » Vous lui montrez ainsi qu'il est possible de communiquer des sentiments par l'expression du visage.
- « **Il était une fois...** » Lui raconter des histoires. À cet âge, l'enfant aime bien qu'on lui répète la même histoire, dont il peut alors prévoir le dénouement. Au cours du récit, la voix qui change d'intonation ou de registre, un clin d'œil, des yeux qui s'ouvrent d'émerveillement et voilà une douce complicité créée avec l'enfant. Une histoire illustrée tirée d'un livre lui permet de suivre facilement le déroulement.
- «**Au clair de la lune...** » Lui apprendre des chansons et des comptines simples.

Développer son sens de l'humour et sa compréhension de l'environnement

Le monde de l'imagination attire l'enfant de cet âge, qui en a peur également. Ainsi, à 1 1/2 an, il démontre souvent une véritable fascination pour la chasse d'eau, mais craint aussi qu'elle l'aspire. Les déguisements aussi le terrorisent souvent.

- « **Un café pour madame !** » Entrer dans le jeu de l'enfant et vous laisser servir ce café qu'il fait semblant de vous préparer. N'hésitez pas à trouver qu'il manque de lait et à en demander davantage.
- **De la crème sur le nez !** Face au miroir, déposer un petit peu de crème sur le nez de l'enfant. S'il est conscient que c'est lui-même qu'il voit dans le miroir, vous le verrez essuyer son nez pour l'enlever. Vous saurez alors qu'il se reconnaît bel et bien.

- « **Qui est-ce ?** » Laisser les albums de photos à portée de la main et prendre le temps de les regarder en compagnie de l'enfant, identifiant les personnes et les lieux.
- **Changement d'identité**. Quand l'enfant reconnaît bien les gens dans son album de photos, on peut s'amuser à changer certains noms sur les photos. Montrant grand-papa, dites à l'enfant : « Oh ! Regarde ! Grand-maman a mis une moustache ! Ça lui va bien… » Cela le fera rire à condition qu'il reconnaisse bien ces différentes personnes.
- « **Wouf ! Wouf !** » Dans le même sens, s'amuser à imaginer que les animaux changent leurs cris. Regardant un livre d'images, on peut lui dire : « Oh ! Ce cheval-là, il jappe et ce mouton, il miaule ! » Inviter l'enfant à participer à ce jeu en lui demandant : « Et que fait ce chien ? »
- **Les images vivantes**. À l'aide d'un livre d'images, s'amuser avec l'enfant à les faire vivre en soufflant la chandelle, en sentant la fleur, en prenant une bouchée de la pomme, en ouvrant la radio qui fera entendre une chanson connue de l'enfant, en chatouillant les pieds de la petite fille qui rit aux éclats.

Favoriser sa coordination fine et sa dextérité

- **Laisser sa marque**. S'amuser à gribouiller avec l'enfant, utilisant des craies de cire ou des marqueurs qui ne tachent pas.
- « **Clic ! Clic !** » Avec des ciseaux à bouts ronds, l'inviter à faire des traits dans une bande de papier qui devient alors une frange à fixer autour du front, à la manière des « Indiens ».
- **La pâte magique**. La pâte à modeler permet de multiplier les gestes à l'infini : on roule de petites boulettes ou de longs boudins, on aplatit des galettes, on utilise un bâton comme couteau pour partager les pointes de la tarte ou de la pizza.

- « **Tes doigts, des pinceaux !** » La peinture aux doigts permet de créer des chefs-d'œuvre et de mettre à l'épreuve la coordination de l'enfant et sa dextérité.
- **Joli, le collier !** Enfiler des billes, des macaronis ou d'autres pâtes alimentaires sur un cordon ou un lacet pour en faire un magnifique collier ou un bracelet qui deviendra un cadeau pour maman ou grand-maman.

Lui offrir des expériences de mouvement

- **Jeu de la cloche**. Debout et tenant l'enfant sous les aisselles, le balancer de l'avant vers l'arrière entre vos jambes en accompagnant ce mouvement d'un ding-dong rythmé.
- **Haut dans le ciel**. Au parc, le balancer en le poussant avec l'intensité qu'il souhaite : plus haut, moins fort.
- **Le partenaire de danse**. Danser avec lui, en suivant le rythme d'une musique.
- « **Vroum ! On descend !** » Le faire glisser sur la neige ou dans la glissoire au parc.
- **Une course à obstacles**. Organiser une course à obstacles où l'enfant doit suivre un parcours précis : passer sous la table, derrière le fauteuil, courir jusqu'à tel meuble.
- **Jeu de cache-cache dans la maison**. Rapidement, l'enfant comprend le principe de se cacher et d'être trouvé et il prend plaisir à y jouer. Il est amusant de constater qu'un enfant de cet âge, quand il ne peut vous voir – par exemple parce qu'il a dissimulé sa tête sous une table –, pense que vous ne pouvez pas le voir non plus, même si tout le reste de son corps est bien en vue. Graduellement, ses stratégies et sa compréhension du jeu de la cachette s'améliorent.
- **Passer sous le pont**. Couché sur le dos, fléchir les genoux et inviter l'enfant à passer sous ce pont improvisé.

- **La tempête sur la mer**. Couché sur le dos, asseoir l'enfant sur vos genoux et le tenir par les mains. La tempête s'élève, vous vous agitez en tous sens, et l'enfant doit maintenir son équilibre au milieu des flots déchaînés.
- **Le ballon aux mille usages**. S'amuser à faire rouler le ballon par terre, à le lancer, à lui donner un coup de pied en visant une cible.

De 3 à 5 ans

L'inciter à communiquer

- « **Ainsi font, font, font...** » Lui apprendre des comptines; la plupart s'accompagnent de gestes simples. Vous stimulez alors son sens du rythme, tout en l'invitant à parler. En voici quelques-unes :

> *Ainsi font, font, font, les petites mains agiles*
> *Ainsi font, font, font, trois petits tours*
> *et puis s'en vont*
>
> *Si tu as le cœur joyeux, frappe des mains,*
> *Si tu as le cœur joyeux, frappe des mains,*
> *Si tu as le cœur joyeux, si tu as le cœur joyeux,*
> *Si tu as le cœur joyeux, frappe des mains.*
>
> *Un cerf dans une grande maison regardait par la fenêtre,*
> *un lapin vint en courant frapper à sa porte;*
> *Cerf, cerf, ouvre-moi car le chasseur me tuera.*
> *Lapin, lapin, entre vite me serrer la main.*
>
> *Scions, scions, scions du bois,*
> *pour la mère, pour la mère,*
> *Scions, scions, scions du bois,*
> *pour la mère Nicolas.*

Celle-ci (qui vous rappellera peut-être des souvenirs) permet d'apprendre les parties du corps :

J'ai deux yeux, tant mieux
Deux oreilles, c'est pareil
Deux épaules, c'est drôle
Deux bras, ça va
Deux fesses qui se connaissent
Deux cuisses qui glissent
Deux pieds pour danser

(Émission de Passe-partout, Radio-Canada)

Cette dernière permet d'apprendre les voyelles de façon amusante :

J'ai dit à papa, A A A
Moi, je voudrais bien que, E E E
Mon ami Denis, I I I
Me prête son lasso, O O O
Mais il n'a pas voulu, U U U
A E I O U

- **Écrivain en herbe**. L'inviter à réaliser son propre livre d'histoire. Prendre quelques feuilles et les déposer sur un carton de couleur, plier le tout en deux; en brochant dans le centre, vous aurez en main un petit livre qui n'attend plus que l'imagination de l'enfant. Proposez-lui d'inventer l'histoire de son choix. Selon son âge, l'enfant pourra décider seul de l'histoire ou répondre aux questions que vous lui posez, faire lui-même tous les dessins ou requérir votre aide, vous dire quoi écrire ou répondre à vos suggestions. « Une histoire de quoi ? Un chat ? Comment est-il ? Il est rouge ? » Alors, ce pourrait être l'histoire du chat rouge ? Sur le carton, on inscrit le titre et on dessine le chat rouge. « Où est-il ? Il est dans sa maison ? Que fait-il ? Il joue avec un ballon ? » À chaque page, l'histoire progresse. Et à la fin, l'enfant tient fièrement en main un livre qu'il a fait avec vous et qui a sollicité sa compréhension, son imagination, ses habiletés de communication et qui lui a certainement procuré du plaisir.

- **La boîte magique**. Lui faire découvrir l'usage d'un magnétophone ; quoi faire pour enregistrer, écouter, revenir en arrière, effacer.
- **« Il y a très très longtemps... »** Avec un début tel que « Il était une fois... » ou « Il y a très longtemps... » et un personnage central sympathique à qui il arrive plein d'aventures, vous pourrez créer une grande variété d'histoires dont la longueur et la complexité varieront selon l'âge de l'enfant.
- **Le jeu du téléphone**. Vous dites rapidement une phrase à l'oreille de l'enfant qui doit répéter à l'oreille de son voisin ce qu'il a compris. Son voisin fait de même avec celui qui le suit. Après quelques personnes, on demande quel était le message original et, en général, il est étonnant de constater à quel point il a été complètement déformé.

Favoriser sa compréhension de l'environnement

- **Le chimiste en herbe**. L'enfant de cet âge prendra plaisir à changer la couleur de l'eau avec du colorant végétal et à faire des expériences : « Qu'advient-il quand on mélange deux couleurs, par exemple du bleu et du jaune ? »
- **Le grand chef à l'œuvre**. L'enfant est ravi de collaborer à la confection du repas, mélangeant des ingrédients, déchirant des feuilles de laitue, lavant des carottes, préparant un pouding instantané.
- **L'« insectologue en devenir »**. Lui faire observer une coccinelle, des fourmis, un papillon, lui faire voir un ver de terre qui se cache sous la roche.

- **Les canards affamés**. Amener l'enfant au parc pour qu'il admire et nourrisse les canards.
- **Le laveur d'expérience**. Permettre à l'enfant de laver dans l'évier de la cuisine les vêtements de ses poupées ou de ses figurines, la vaisselle de sa dînette ou alors de devenir votre assistant pour laver la vaisselle du repas.

L'aider à bien percevoir son corps

- **Grandeur nature**. Faire le portrait de l'enfant en suivant le contour de son corps quand il est couché sur un grand carton: l'enfant sera peut-être étonné de se voir si grand. Afficher ce dessin au mur lui permet de se comparer à son double.
- « **Ta main, ma main, nos mains**.» Dessiner le contour de sa main et de la vôtre. L'inviter à faire de même. Il peut aussi y dessiner des ongles, une bague…
- **Jeu de cache-cache**. Davantage conscient de sa taille, l'enfant tentera de trouver une lieu approprié pour se cacher. Toutefois, si vous prenez trop de temps à le trouver, il se délivrera lui-même parce qu'à cet âge, sa patience est de courte durée. Pour faciliter ses recherches, quand c'est à votre tour de vous cacher, faites-lui entendre votre voix pour le guider: « Je suis là ! » En plus de l'aspect moteur, ce jeu sollicite aussi la réflexion, puisque l'enfant doit décider de l'endroit où se cacher, développer des stratégies et faire des déductions pour vous retrouver.
- **Jouer au miroir**. Debout face à face, on s'amuse chacun son tour à faire exactement comme l'autre; mettre une main sur la tête et tenir sur un pied, se pencher de côté en étendant les bras comme des ailes d'avion, bouger les épaules et les bras, comme si on courait sans bouger les pieds…

- **Course à obstacles**. À cet âge, la course à obstacles peut être assez complexe et durer un certain temps : passer en dessous de la table à café, tourner autour du fauteuil, se faufiler entre un meuble et le mur, monter sur la petite chaise, sauter sur le plancher… Dans ce genre de course à obstacles, l'enfant doit bien connaître son corps, par exemple pour savoir si sa taille lui permet de passer à tel endroit ou comment réussir à se faufiler sous tel meuble.

Favoriser son imagination et son sens de l'humour

- « **Quoi d'autre ?** » L'inviter à trouver diverses manières d'utiliser un même objet. « Qu'est-ce qu'on peut faire avec une boîte de carton ? Et avec un bâton ? Et avec un morceau de tissu ? »
- **Des usages originaux**. S'amuser à changer les fonctions des objets ; lui montrant un bâton, lui dire : « Tiens, j'ai trouvé un très beau peigne, tu veux l'essayer ? »
- **La cuisine farfelue**. Imaginer des aliments inusités : « Que dirais-tu de manger une tarte aux frites ou une soupe à la crème glacée ? »
- « **Ce serait drôle si…** » Inviter l'enfant à imaginer des situations amusantes. « Ce serait drôle si les gens avaient la taille d'une allumette, si les poissons volaient dans le ciel. »
- **Ligne magique** : À partir d'une ligne tracée sur une feuille, dessiner à tour de rôle ce que cela vous inspire. Les résultats pourront vous étonner.
- **Comme les animaux**. L'enfant peut-il rugir comme le lion, ramper comme le serpent, faire des bonds comme la grenouille ? En plus de l'imagination, cette activité stimule la coordination de tout le corps.

- **Camping intérieur**. Un drap déposé sur les dossiers de deux chaises ou sur une petite table peut devenir une tente dans laquelle surviennent des histoires surprenantes.
- **Maison de carton**. Une grande boîte de carton devient la maison de l'enfant qu'il peut colorer et aménager à son goût.
- **La corde magique**. Déposée sur le plancher et manipulée au gré de l'enfant, la corde devient un soleil (cercle), une boîte (un carré) et tout ce que peut imaginer l'enfant.
- **Des histoires inventées**. L'enfant commence à apprécier des histoires que l'on invente et il sait en imaginer dans sa tête. Lui demander de nous en raconter une.

Favoriser sa coordination

- **L'acrobate**. L'enfant raffole des cabrioles et des culbutes qui favorisent la coordination de tout le corps.
- **Balles et ballons**. Jouer avec des balles et des ballons stimule autant la coordination que l'organisation du corps dans l'espace.
- **Le tapis magique**. Sur une petite carpette, l'enfant se met à quatre pattes et tente de la faire avancer par frottement. Il étend les deux mains vers l'avant, puis glisse sur les genoux et tend à nouveau le tapis avant de poursuivre sa balade. Essayez-le vous-même : vous verrez que ce jeu sollicite une bonne coordination du corps.
- **Le funambule**. Sur une corde déposée à même le plancher, l'enfant imite le funambule en marchant dessus... sans « tomber » !
- **Création de chef-d'œuvre**. Le bricolage permet à l'enfant d'utiliser divers outils (crayons, ciseaux) et de coordonner des mouvements fins : découper, déchirer, coller. Voici des

matériaux riches en possibilités : papier, crayon, ouate, colle, carton, pâtes alimentaires, pailles de plastique.

- **Dessins de maître**. Dessiner pour décorer sa chambre ou le réfrigérateur de grand-maman sollicite la dextérité et l'imagination de l'enfant.
- **L'imprimerie au naturel**. Imprimer avec des pommes de terre, des éponges, des plumes d'oiseau favorise aussi la coordination des mains.
- **Des bulles, encore des bulles**. Faire des bulles de savon stimule la coordination des muscles de la bouche ; l'enfant doit aussi contrôler la force de son souffle pour réussir.
- **Devenir le vent**. Dans le même sens, inviter l'enfant à déplacer une plume sur la table en soufflant ou à souffler avec une paille déposée dans un verre d'eau pour faire des bulles.
- **Peinture à la paille**. Verser de la peinture sur une plaque à pâtisserie et inviter l'enfant à souffler dessus avec une paille. Quand deux couleurs se rejoignent, la magie opère : une troisième couleur apparaît. Pour conserver une copie du chef-d'œuvre ainsi obtenu, une feuille blanche appuyée doucement sur la réalisation permet d'en garder l'empreinte.
- «**Je découpe.**» S'amuser à découper des formes simples (ligne droite, cercle), puis des formes plus complexes, avec des angles (triangle, losange).
- «**Je suis grand ! Vive le sport !**» Vers l'âge de 5 ans, l'enfant peut faire ses premiers essais de saut à la corde et de patinage (pourvu qu'il s'arme de patience).

* * *

Donnez-vous la permission d'imaginer des jeux inédits ; faites confiance à votre spontanéité et à votre créativité quand vous jouez avec un enfant. Vous trouverez mille et une autres idées pour partager des moments magiques avec lui.

CHAPITRE 4

AVEC QUOI JOUER?

De même que l'adulte créatif a besoin de jouer avec les idées, l'enfant, pour former ses idées, a besoin de jouets.

Bettelheim [6]

Les jouets sont-ils essentiels au jeu ? Comment les choisir ? Un jouet commercial est-il meilleur qu'un jouet maison ? Est-ce préférable d'acheter un jouet éducatif plutôt qu'un autre type de jouet ? Et l'ordinateur ? Doit-on être préoccupé si son garçon joue avec des poupées et sa fille avec des camions ? Autant de questions que nous abordons dans le présent chapitre.

Vous êtes-vous déjà amusé, lors d'une réunion de travail particulièrement ennuyeuse, à imaginer votre patron en pyjama ou à inventer un scénario farfelu le concernant ? L'enfant peut lui aussi prendre plaisir à créer des histoires dans sa tête, à inventer des situations amusantes et ce, sans utiliser le moindre matériel de jeu. On peut donc dire que le jouet n'est

6. BETTELHEIM, B. *Pour être des parents acceptables – une psychanalyse du jeu.* Paris : Éditions Robert Laffont, 1988. p.195.

pas essentiel au jeu. Toutefois, il s'avère un stimulant et un soutien au jeu, et il est souvent un médiateur privilégié pour interagir avec les autres. La seule présence du jouet ne fait cependant pas le jeu : c'est l'usage et le plaisir ressenti par l'enfant qui accréditent le jouet.

Les critères d'un bon jouet

Santé Canada nous apprend que les consommateurs canadiens dépensent chaque année 1,3 milliard de dollars en jouets. Il est tout à fait normal d'espérer une utilisation optimale de ces dépenses, d'où l'importance de choisir de bons jouets. Mais comment savoir ce qui est le plus approprié parmi la multitude de jouets offerts sur le marché ? Un bon jouet est solide, durable, attrayant, en accord avec le niveau de développement de l'enfant, et il présente un bon rapport qualité-prix.

Sécurité et durabilité

La sécurité d'un jouet doit être la première caractéristique à considérer. Un chapitre est d'ailleurs consacré à la sécurité des jouets et de l'environnement de jeu (voir p. 119).

Compte tenu du coût des jouets, la durabilité est également à retenir comme critère. Il faut vérifier la qualité et la résistance des matériaux utilisés ; un jouet en matière plastique souple risque de se briser rapidement, alors qu'un autre fait d'un matériau plus solide résistera aux années. Un jouet à composantes complexes (engrenages, minuteries) est souvent moins résistant qu'un jouet plus simple. De plus, on risque d'égarer les pièces et accessoires quand ils sont nombreux et alors l'intérêt pour le jouet disparaît rapidement.

Ces critères de sécurité et de durabilité sont essentiels, mais ne sont toutefois pas les seuls requis pour faire qu'un jouet soit bon pour l'enfant.

Polyvalence

Il y a plusieurs années, Dodson[7] proposait une façon simple de reconnaître un bon jouet ; sa méthode est encore valable de nos jours. Selon lui, si 90 p. 100 du jeu vient de l'enfant et 10 p. 100 du jouet, c'est un bon jouet. Prenons par exemple des blocs de type Lego. Avec ce matériel, le jeu n'apparaît que lorsque l'enfant décide d'être actif : les blocs dépendent des initiatives et de l'action de l'enfant. S'il demeure passif, rien ne se passe. Ce genre de jouet encourage l'enfant à mettre en œuvre ses capacités et son imagination, et à trouver divers usages pour le matériel de jeu : c'est un jouet polyvalent. Un camion aussi peut remplir différentes fonctions ; l'enfant peut le faire rouler, remplir sa benne, lui faire grimper des côtes, faire des livraisons ou le rentrer au garage pour des réparations.

Vous avez sûrement eu l'occasion de voir un enfant s'intéresser davantage à l'emballage d'un cadeau qu'au cadeau lui-même. Cet emballage (boîte, ruban, chou décoratif), inerte en soi, peut se révéler un matériel de jeu fort intéressant si l'enfant en décide ainsi et lui trouve diverses fonctions, autrement dit s'il le transforme en jouet polyvalent.

À l'inverse, l'enfant délaisse rapidement les jouets qui ne donnent naissance qu'à une seule activité : un train qui tourne inlassablement sur ses rails n'intéresse pas longtemps un enfant (même si le papa y trouve un plaisir sans cesse renouvelé). Ce jeu repose davantage sur le matériel lui-même que sur l'action de l'enfant. Il en est de même pour un jouet à pile qui ne requiert de l'enfant que de presser un bouton, par exemple pour faire avancer un petit animal, ce qui sollicite très peu son action. Ce genre de matériel de jeu est à éviter puisqu'il invite l'enfant à la passivité et qu'il ne maintient pas longtemps son intérêt.

7. DODSON, F. *Tout se joue avant six ans*. Paris : Marabout, 1972.

Plus un jouet est versatile, plus longtemps l'enfant s'y intéresse. De fait, un jouet polyvalent grandit en quelque sorte avec l'enfant et, tout au long de son développement, il l'utilisera différemment. Par exemple, bébé prend dans ses mains les blocs de bois, les porte à sa bouche; ensuite le jeune enfant en fait des tours de plus en plus hautes; et quelques années plus tard, ces mêmes blocs servent de piste d'atterrissage pour un vaisseau spatial.

Plaisir

Le critère ultime d'un bon jouet doit cependant être le plaisir qu'en retire l'enfant. Le plaisir est un attribut indissociable du jeu et s'il est absent, le jeu n'en est plus un. Pour prolonger le plaisir avec un jouet, il faut considérer les caractéristiques déjà identifiées pour les activités de jeu. Elles s'appliquent tout autant aux jouets : ce sont la nouveauté, la complexité et le défi.

Nouveauté

Il arrive fréquemment qu'après quelques semaines, les jouets soient relégués aux oubliettes. Afin de maintenir l'attrait de la nouveauté face aux jouets, sans pour autant continuellement en acheter, faites-en le roulement ! Rangez pendant un certain temps les jouets dont l'enfant se désintéresse. Quand vous les ressortirez, il aura l'impression de les découvrir à nouveau. Après les avoir oubliés quelque temps, il leur trouvera de nouveaux usages : l'ourson en peluche, tant cajolé dans les premiers mois, deviendra le partenaire de jeu ou l'auditeur à qui raconter une histoire.

Modifier la fonction première des objets provoque souvent un intérêt renouvelé chez l'enfant. En voici des exemples : la corde à danser devient un micro ou délimite un espace précis, le linge à vaisselle se substitue à la cape du magicien ou à la nappe de pique-nique avec les oursons.

Combiner différents jouets contribue aussi à faire naître de nouveaux jeux. Ainsi, avec une auto, des blocs de bois, des personnages et des cartons, on peut dessiner un circuit où se déplacent les autos qui s'arrêtent à des magasins, représentés par les blocs, pour y faire des achats.

Complexité et défi

Le niveau de complexité doit être adapté à l'âge et au développement de l'enfant et lui permettre de maîtriser graduellement le jouet ; il doit aussi être assez élevé pour maintenir l'intérêt. Ainsi, un casse-tête (puzzle) de 8-10 pièces qui devient trop facile à réaliser pour l'enfant perd de son attrait. On peut alors lui proposer un nouveau défi, en rendant cette activité plus complexe, par exemple en l'invitant à refaire le casse-tête, les pièces retournées contre la table. Il devra reconnaître chacune des pièces à partir de leur forme inversée : un nouveau défi à relever pour l'enfant ! Voici un autre exemple, avec la tour d'anneaux gradués : peut-il la refaire sans utiliser le support ou alors les yeux fermés ? On contribue à la longévité des jouets en rendant l'activité de jeu plus complexe et en proposant de nouveaux défis à l'enfant.

Enfin, aucun jouet ne peut recevoir une étiquette universelle de « bon jouet » puisque chacun doit être approprié à l'enfant à qui il est destiné. Comme vous le savez par expérience, chaque enfant est unique et possède ses intérêts propres.

Il y a toutefois une exception ; en effet, il existe un jouet idéal pour tous les enfants, un jouet sûr, durable, polyvalent et qui invite l'enfant à agir tout en procurant beaucoup de plaisir. Solide et attrayant, il présente un excellent « rapport qualité/prix » ; de plus, il s'adapte aisément au niveau de développement de l'enfant et se retrouve dans toutes les maisons. Il s'agit d'un adulte couché par terre qui devient la montagne à escalader, le mystère à explorer, le géant qui dort mais qui risque de se réveiller en tout temps et d'attraper l'enfant.

EN RÉSUMÉ

Un bon jouet procure du plaisir à l'enfant et l'incite...

- à agir;
- à explorer;
- à imaginer;
- à construire.

Comment choisir un jouet?

Comment reconnaître, parmi la panoplie de jouets disponibles en magasin, celui qui convient le mieux à l'enfant?

Pour répondre à cette question, il faut non seulement tenir compte de ce que le jouet stimule chez l'enfant, mais aussi du niveau de développement de ce dernier et du matériel de jeu dont il dispose déjà.

Le tableau 1 propose diverses questions pour aider l'adulte à choisir un jouet qui convient à l'enfant.

TABLEAU 1

POUR CHOISIR UN JOUET APPROPRIÉ POUR UN ENFANT

1. Où en est l'enfant dans son développement ?

A) À découvrir son corps et les objets environnants?

Est intéressé à toucher, regarder, écouter et porter les objets à sa bouche ?

Est capable de saisir des objets ?

Est intéressé à produire un effet sur l'environnement ?

Est capable de se tenir assis ?

B) À explorer l'espace et à manipuler les objets ?

Commence à se déplacer par ses propres moyens ?

Est curieux de découvrir le fonctionnement du matériel de jeu ?

Cherche divers usages possibles au matériel de jeu ?

Aime jouer à imiter ?

Peut vider et emplir ?

Peut empiler ?

Peut emboîter ?

Explore l'environnement ?

Commence à jouer à faire semblant ?

C) À jouer de façon conventionnelle, puis de façon imaginative ?

A besoin de bouger ?

Commence à utiliser un crayon ?

Fait des constructions ?

Explore beaucoup ?

Est imaginatif?
Joue à faire semblant?
S'intéresse aux autres enfants?

D) À développer ses scénarios de jeu ?

Aime bricoler?
Aime se déguiser?
Préfère jouer avec d'autres enfants que seul?
Peut découper?
Est capable de gestes raffinés et de mouvements coordonnés?
Dessine?
Peut faire du tricycle, de la bicyclette?
Est très imaginatif?

2. Que stimule ce jouet?

Est-ce un jouet à regarder, à toucher, à écouter?
Stimule-t-il les manipulations de l'enfant?
Favorise-t-il l'exploration de l'espace?
Stimule-t-il la compréhension du fonctionnement des objets?
Favorise-t-il la communication de l'enfant?
Stimule-t-il les capacités d'imitation de l'enfant, son imagination?
Fait-il comprendre la notion de cause à effet?
Fait-il appel au concept de permanence de l'objet?
Favorise-t-il l'expression des sentiments de l'enfant?
Permet-il des constructions?
Requiert-il un partenaire?

Demande-t-il des habiletés physiques particulières (empiler, découper, dessiner) ?

Peut-il être utilisé de différentes façons (polyvalent) ?

3. *Considérant ses autres jouets, qu'ajoute celui-ci ?*

Un complément aux jouets qu'il possède déjà?

Une expérience nouvelle, stimulant un aspect que ses autres jouets ne stimulent pas ?

Un défi en lien avec les capacités actuelles de l'enfant ?

La possibilité de développer de nouvelles capacités ?

4. *Considérations pratiques*

Ce jouet est-il fait d'un matériau résistant ?

Est-il sécuritaire, considérant l'âge de l'enfant ?

Est-il bruyant ?

Requiert-il votre aide pour que l'enfant l'utilise ?

Est-il salissant ?

Comporte-t-il de nombreuses pièces ?

Son coût est-il abordable ?

Pour faire des choix judicieux, il faut établir une correspondance entre les capacités de l'enfant et ce que stimule le jouet convoité. Bien sûr, il faut éviter que tous les jouets de l'enfant lui fassent vivre les mêmes expériences, et par conséquent veiller à ce que son matériel de jeu soit varié. Certaines caractéristiques pratiques (résistance des matériaux, bruit) sont aussi à prendre en considération puisqu'elles pourraient entraîner une sous-utilisation du jouet.

Utilisant le tableau 1, analysons la pertinence d'un jouet précis. Maude a 20 mois; elle est curieuse et explore beaucoup son environnement. Chaque armoire l'attire, chaque nouvel objet la fascine. Elle aime regarder des livres, faire des casse-tête, se balancer, jouer au ballon, faire des tours de blocs et gribouiller. Elle parle beaucoup et s'intéresse aux autres enfants.

Où en est Maude dans son développement ? (question 1)

Il semble qu'elle en soit à la période du jeu conventionnel (1c); elle se dirigera plus tard vers les jeux d'imagination, mais cela ne semble encore présent dans ses activités. Un magnétophone est-il approprié pour cette enfant ?

Que stimule ce jouet ? (question 2)

Un magnétophone est un objet dont le fonctionnement risque de piquer la curiosité de Maude. Pour savoir l'utiliser, il lui faudra explorer et découvrir l'usage de tous ces boutons qui ont chacun une fonction précise : marche avant, arrière, écoute. Ce jouet requiert donc de l'enfant de nouvelles manipulations et stimule sa compréhension des objets. De plus, un magnétophone est, en quelque sorte, une boîte magique qui sait capter et conserver les voix. On peut parler et réécouter ce qu'on a dit ; papa peut chanter et on le réentend même s'il n'est plus là. En ce sens, il aide à intégrer le concept de permanence de l'objet. Le magnétophone peut aussi transmettre des messages ; maman y enregistre des mots d'amour que l'enfant prend plaisir à écouter. Ce jeu ne requiert pas nécessairement de partenaires, mais on peut s'y amuser à deux.

Pour utiliser au maximum cet objet, l'enfant doit toutefois parler, ou à tout le moins faire des sons. Chez un enfant qui parle très peu, le magnétophone pourrait stimuler la communication. Dans le cas de Maude qui parle beaucoup, ce jouet lui permettrait de raconter des histoires, réciter des comptines, chanter des chansons, écouter ses cassettes et danser au rythme de la musique. Sans doute utilisera-t-elle le magnétophone plus tard, dans des jeux d'imagination, alors qu'il deviendra l'instrument de travail du journaliste pour mener une entrevue, du lecteur du bulletin de météo ou du chanteur populaire pour enregistrer une chanson. Le jouet grandira donc en quelque sorte avec l'enfant.

Quant aux **considérations pratiques (question 4)**, un magnétophone n'est pas salissant et le volume peut être baissé si désiré. Ceux qui sont faits pour les enfants sont résistants.

En conclusion, compte tenu du potentiel de ce jouet et des caractéristiques de l'enfant, un magnétophone est susceptible d'être apprécié par Maude et approprié pour son développement, à la condition qu'il représente un **complément aux jouets qu'elle possède déjà (question 3)**. Par exemple, si cette enfant n'a que des disques et des livres, mieux vaut choisir un jouet d'un autre type qui l'invitera, par exemple, à être active au plan moteur. La variété des jouets compte plus que la quantité. Il ne sert à rien d'avoir cinq ballons et douze marionnettes. Une surabondance de jouets stérilise même l'activité de l'enfant. Mieux vaut avoir moins de jouets, mais qu'ils soient choisis judicieusement. Mieux vaut avoir moins de jouets et qu'ils remplissent bien leur fonction première, à savoir qu'ils attirent l'enfant et lui procurent du plaisir.

EN RÉSUMÉ

Pour choisir un jouet, en plus de garder en tête les critères de qualité (sécurité, durabilité, polyvalence, source de plaisir), il faut :

1) évaluer le niveau de développement de l'enfant;
2) analyser le potentiel ludique du nouveau jouet;
3) dégager l'apport du nouveau jouet par rapport à ceux dont l'enfant dispose déjà.

Des suggestions de jouets

En accord avec les caractéristiques et les intérêts ludiques de l'enfant d'âge préscolaire identifiés au chapitre 2, le tableau qui suit présente des suggestions de matériel de jeu.

TABLEAU 2

MATÉRIEL DE JEU SELON L'ÂGE DE L'ENFANT

De 0 à 6 mois

Mobile, hochet, jouet de dentition, jouets qui flottent dans le bain, qui émettent des sons, tapis d'éveil, miroir près de la table à langer, portique ou tableau d'activités, animaux de tissu, boîte à musique.

De 6 à 18 mois

Contenant à emplir et vider, jouets à emboîter, à empiler, blocs de bois, jouets à pousser, à tirer, jouets pour imiter (téléphone), instruments de musique (xylophone, tambour), grosses billes à enfiler, livres d'images cartonnés, ballons, oursons, miroirs.

De 18 mois à 3 ans

Crayons feutre lavables, craies de cire, tableau noir et craies, peinture à doigts, jouets d'association (jeux de mémoire), jouets pour faire semblant (service de vaisselle, coffre à outil, petites voitures, personnages, poupées), pâte à modeler, livres d'images, ensembles de jardinage, jouets à chevaucher sur roulettes (18 mois-2 ans), bulles de savon, boîtes de carton, casse-tête, instruments de musique, jeux de blocs, bac à sable, jeux extérieurs (balançoire, glissoire).

De 3 à 5 ans

Maisons de poupées, marionnettes, petits personnages, voitures, ciseaux à bouts ronds, jeux de construction, nécessaires à bricoler (carton, colle, ouate, paille), crayons de couleur, livres, chevalets et peinture, jeux d'adresse (quilles, anneaux, poches), pâte à modeler, déguisements et accessoires, casse-tête, instruments de musique, jeux favorisant l'imagination (garage, ferme, magasin), magnétophone à cassettes, loupe, tricycle, jeu de quilles, premiers jeux de société (4-5 ans : serpents et échelles, jeux de mémoire), corde à danser, bicyclette.

Comme nous l'avons fait remarquer précédemment, certains jouets identifiés pour un âge donné peuvent grandir avec l'enfant et être réutilisés ultérieurement ; il est à parier que l'enfant y trouvera alors un nouvel usage.

L'âge suggéré sur l'emballage donne une indication générale des enfants à qui le jouet s'adresse : il faut toutefois considérer les caractéristiques personnelles de l'enfant concerné. Il faut surtout éviter de succomber à la tentation que nous avons tous, comme parents, de considérer que notre enfant est en avance dans son développement et de lui acheter un jouet trop complexe pour son âge. C'est le meilleur moyen pour qu'il se désintéresse complètement de ce jouet, désintérêt qui peut persister même au moment où il serait désormais capable de l'utiliser.

Les associations de consommateurs analysent chaque année les jouets qui arrivent sur le marché. Leurs recommandations et leurs commentaires méritent d'être écoutés puisqu'ils s'appuient sur des expériences faites par les premiers experts du sujet : les enfants eux-mêmes.

Avez-vous déjà remarqué que les enfants s'intéressent à des jouets plus petits à mesure qu'ils vieillissent ? L'enfant de 2 ans apprécie un gros camion tandis que celui de 5 ans lui préfère un camion miniature.

Les jouets ont-ils un sexe ?

Féminité et virilité se forment-elles par les jeux de la petite enfance ? Doit-on s'inquiéter de l'intérêt de sa fille pour les camions et les jeux de garçon ? Pour son garçon qui s'intéresse à la dînette et aux poupées ? Le comportement des garçons et des filles est-il inné ou conditionné par l'environnement ? C'est là un débat qui dure depuis de nombreuses années.

Plusieurs croient que l'intérêt pour des jouets identifiés à son sexe est inné chez l'enfant. De fait, le petit garçon et la petite fille s'adonnent à des jeux différents, se servant, pour ce faire, de jouets tout aussi différents. Le garçon opte davantage pour des jeux d'action, utilisant beaucoup d'espace, alors que la fillette s'amuse plus volontiers à faire semblant et à jouer à la table. Toutefois, il ne s'agit pas d'une règle vérifiable chez tous puisque, en observant rigoureusement les enfants qui jouent, diverses études précisent qu'on ne décèle aucune différence significative entre garçons et filles avant l'âge de 7 ans.

Peut-être impose-t-on inconsciemment nos choix à l'enfant? Dans une étude, on a demandé à des mères de présenter une poupée à leur bébé. Quand il s'agissait d'un bébé fille, la mère souriait, parlait tendrement, approchait le visage de la poupée de celui de son bébé. Quand il s'agissait d'un bébé garçon, la mère souriait moins, démontrait moins de tendresse et tenait la poupée avec moins de douceur. La poupée est en général réservée aux filles alors qu'on offre des figurines aux garçons. L'utilisation de l'une et des autres est d'ailleurs différente : la poupée est habillée, câlinée, promenée, on lui parle, on lui raconte des histoires. Quant aux figurines, elles sont engagées dans l'action et agissent plus qu'elles ne parlent.

Diverses études ont également démontré que très tôt, les adultes réagissent différemment aux bébés selon leur sexe. Le visiteur et les parents eux-mêmes trouvent facilement des traits féminins à un bébé fille et une vigueur toute masculine à un bébé garçon. Spontanément, les jouets offerts à l'enfant sont en accord avec son sexe. Rares sont les personnes qui offrent une poupée à un garçon et une auto de course à une fille.

Bien sûr, il est important que l'enfant développe son identité et le jeu y contribue, tout comme les jouets. Toutefois, l'enfant peut également être curieux et utiliser des jouets qui ne lui étaient pas destinés. Les spécialistes considèrent d'ailleurs qu'on doit offrir une variété d'expériences à l'enfant, sans faire pression pour un comportement typique de son sexe. Que l'enfant choisisse ce qui l'intéresse. Si on observe l'intérêt de son enfant pour un jouet traditionnellement associé à l'autre sexe, évitons de créer un problème là où il n'y en a pas.

Par ailleurs, l'un des rôles du jouet consiste à préparer les garçons et les filles au monde dans lequel ils vont vivre et exercer une profession. De nos jours, la différence entre les fonctions féminines et masculines s'estompe : les modèles que voient nos enfants se reflètent dans leur jeu. N'y a-t-il pas des « chauffeuses » de camion et de grands chefs cuisiniers ?

Des jouets maison

Quand vous pensez « jouets », sans doute pensez-vous spontanément à du matériel de jeu vendu en magasin. Pourtant, d'autres jouets inédits et gratuits sont à portée de la main, à la maison. Tout objet peut devenir jouet si l'enfant en décide ainsi.

Prenez une heure pour faire le tour de vos armoires et de vos placards avec des yeux d'enfant curieux (tout en gardant ceux d'un adulte responsable et soucieux d'éviter les accidents), et vous découvrirez toute une panoplie de jouets inédits.

TABLEAU 3

MATÉRIEL DE JEU MAISON ET CE QU'IL PEUT DEVENIR ENTRE LES MAINS DE L'ENFANT

Contenant de crème glacée

- Avec une cuiller de bois : un bol à mélanger dans lequel préparer un festin imaginaire.
- Si le contenant est renversé : un tambour sur lequel frapper avec une baguette (cuiller de bois).
- Avec un couvercle percé d'une fente et des cartons de couleur plus petits que la fente : une tirelire.
- Avec un couvercle percé d'une ouverture circulaire et divers objets (pince à linge, cuiller à mesurer) : une boîte à trésors que l'enfant vide et remplit à plaisir.
- Rempli d'eau et avec un pinceau : un attirail de peintre permettant de « peinturer » l'entrée de garage, l'été.

Boîte de carton

Une grosse boîte :

- Une maison avec ouvertures (pour voir à l'extérieur) que l'enfant peut décorer à sa guise.
- Un coffre pour certains de ses jouets.
- En enlevant le dessus : un bateau pour traverser l'Atlantique ou une auto permettant mille voyages imaginaires.
- Percée d'une grande ouverture sur un des côtés : une télévision ou un théâtre qui permet à l'enfant de faire un spectacle.
- Une aide inédite pour assister l'enfant dans ses premiers pas.

Une boîte de forme allongée :

- En ouvrant les deux bouts : un tunnel où faire rouler ses autos ou à traverser lui-même.

De petites boîtes :

- Des boîtes à encastrer les unes dans les autres.
- Montées les unes sur les autres : les murs d'une maison.
- Déposées les unes à côté des autres : les différentes pièces d'une maison.

Toute boîte :

- Une boîte à surprise contenant divers trésors à découvrir : bobine de fil, gant, bouteille de plastique, trousseau de clés, balle.

Bac à vaisselle ou panier à linge

- Buts de hockey ou paniers de basket-ball.
- Bateau pour un merveilleux voyage imaginaire.

Corde

- Attachée à deux chaises et à l'aide de quelques pinces à linge, la corde permet de suspendre les vêtements de sa poupée ou quelques-uns des siens.
- Une telle corde peut aussi devenir le lieu pour exposer ses chefs-d'œuvre (dessins), utilisant à nouveau des pinces à linge.
- La corde tendue entre deux chaises et recouverte d'un drap, et voilà une tente où vivre de riches aventures.

Grosse corde

- Une grosse corde dont un des bouts est recouvert de tissu, et voilà un micro permettant d'imiter les chanteurs ou les journalistes.

- Déposée par terre et repliée en deux, c'est une rivière remplie d'alligators que l'on doit traverser d'un bond.

Pâtes alimentaires aux formes variées

- Matériel tout désigné pour faire de magnifiques colliers après les avoir peinturées et enfilées sur une corde ou une laine, avec un des bouts préalablement renforcé par du papier gommé.

Boutons

- De formes et de grosseurs variables, ils peuvent être enfilés sur une corde et faire, eux aussi, de jolis colliers ou une ceinture.
- Ils peuvent également devenir du matériel permettant de s'amuser à regrouper les pareils selon les couleurs, les formes, les grosseurs.

Valise de déguisement

- Incluant divers vêtements et accessoires (chapeau, ceinture, bourse, cape, foulard) : matériel idéal pour permettre à l'enfant de se transformer en personnage de son choix, de jouer un rôle et de pratiquer certaines habiletés d'habillage.

Rouleau de papier hygiénique ou d'essuie-tout

- Un télescope que peut décorer votre pirate et qui lui permet de voir au loin sur la mer.

Des bouteilles de savon vides

- Avec une balle : un jeu de quilles.

Des bobines de fil

- Peintes de couleurs contrastées, enfilées sur une corde et séparées par des nœuds, de grosses bobines de fil deviennent un train à tirer.
- Petites, colorées et enfilées sur une corde, et voilà un collier.
- Assemblées avec ingéniosité, elle font naître un bonhomme désarticulé.
- Elles remplacent aussi les blocs et deviennent des tours, des murs qui s'élèvent à la mesure des habiletés de l'enfant.
- De différentes grosseurs, l'enfant peut s'amuser à les regrouper selon leur taille.

Ouate, pailles, bâtons

- Matériel de choix pour des bricolages inusités : tableaux de grand maître et personnages fantaisistes en trois dimensions.
- Morceaux de paille dans lesquels on enfile une laine et dont le bout est par la suite renforcé deviennent de magnifiques colliers; on peut y intercaler des boutons.

Éponges

- Plusieurs éponges permettent d'ériger un muret qui ne blesse personne quand il s'écroule.
- De petites éponges trempées dans la peinture permettent de faire de l'imprimerie (tout comme des pommes de terre coupées en deux sur lesquelles on a sculpté une forme simple telle qu'une étoile, un cercle, un cœur).

Coussin

- Un siège royal.
- Un oreiller ou même un lit tout confort pour un personnage.
- Tenu à l'aide d'un foulard sur la tête, un chapeau fort original.

Jouets de la nature : pommes de pin, brindilles, roches, feuilles, eau

- Des outils pour apprendre la nature.
- Des éléments de bricolage.
- Des accessoires à inclure dans des scénarios de jeu : les roches sont les pièces de monnaie quand on joue au magasin, les pommes de pin représentent des arbres qui entourent la maison.

Et vos propres trouvailles ?

Continuez votre tournée de la maison et vous verrez qu'il n'est pas nécessaire d'avoir un portefeuille bien garni pour que votre enfant s'amuse.

Voici maintenant des suggestions de matériel de jeu qu'il peut être amusant de bricoler.

Matériel de jeu à bricoler

Marionnettes en bas de laine

Un bas de laine qui a perdu son pareil n'attend que votre ingéniosité pour commencer une nouvelle vie en tant que marionnette. Deux boutons solidement cousus en guise d'yeux, une bouche et autres accessoires de votre choix fourniront à l'enfant un nouvel ami. Pour l'enfant de 2½-3 ans.

Tapis d'éveil (tapis de textures différentes)

Sur un drap de coton, coudre des morceaux de tissu de différentes textures : soie, fourrure, denim, laine douce, ratine, velours. S'assurer que les rebords de ces tissus sont bien cousus et ne peuvent s'effilocher. Recouvrir un mince matelas ou une couverture épaisse de ce drap qui sera fixé à l'endos à l'aide de velcro, ce qui en facilitera l'entretien. Un tel tapis permet au bébé de ressentir différentes stimulations tactiles et l'incite à se déplacer pour toucher aux différentes pièces de tissu. Ce tapis intéressera l'enfant dès l'âge de 2 mois.

Blocs de mousse

Le même principe s'applique à des cubes de mousse ferme. On recouvre chacune des faces de tissus de textures différentes. L'enfant peut alors toucher ces cubes, les lancer, les écraser. L'avantage ? Ces cubes ne font aucun bruit et ne risquent de briser aucun objet environnant. Approprié pour un bébé de 4 à 15 mois.

Siège de caoutchouc

En recouvrant un pneu d'une couverture, on peut asseoir l'enfant au centre : il tient alors assis, protégé par le contour du pneu. Il peut s'amuser en toute sécurité. Pour un bébé de 5-6 mois et plus.

Bouton musical

Utilisez un gros bouton à deux trous, de 8-10 cm de diamètre; enfilez une corde d'environ 35 cm dans chacun des trous et attachez-la. En plaçant le bouton au milieu et en tenant une extrémité de la corde dans chaque main, faites tourner les deux bouts de la ficelle plusieurs fois vers l'avant. Tirez vers l'extérieur, puis ramenez les mains vers le bouton et de nouveau vers l'extérieur, comme si vous teniez un accordéon.

Vous entendrez une musique inédite. Pour un enfant d'environ 5 ans, ce jouet sera source d'émerveillement, à condition de ne pas l'utiliser trop près de ses cheveux, que le bouton musical pourrait prendre plaisir à emmêler.

Livre tactile

Sur des cartons rigides, collez des grains de sable, du riz, du macaroni, des échantillons de tissu (fourrure, soie, velours) et recouvrez chacune de ses pages d'une mince pellicule de plastique. L'enfant de plus de 10 mois prend plaisir à toucher ces différentes textures.

Échasses maison

Pour réaliser ces échasses, vous avez besoin de deux grosses boîtes de conserve; tout au haut, percez un trou des deux côtés. Insérez une corde dans ces trous puis attachez-la avec un nœud. En montant sur ces boîtes et en tenant chacune des deux cordes, l'enfant se déplace en avançant alternativement ses jambes. Une autre méthode consiste à fixer des blocs de bois sur des perches : l'enfant pose alors ses pieds sur ces blocs et avance en tenant les perches. Pour un enfant de 5 ans et plus.

Batterie

Pour les oreilles solides, on réunit quelques boîtes de conserve de différentes grosseurs (donc de différentes hauteurs) avec du ruban adhésif, ce qui devient la première batterie de l'enfant. À compter de 3 ans, l'enfant qui aime la musique apprécie ce jouet.

Bulles de savon

Mélangez de la glycérine à du shampooing ou préparez une solution moitié eau et moitié savon à vaisselle, et l'enfant soufflera de magnifiques bulles de savon, soit à l'aide d'une paille, soit à travers l'anneau d'une clé. Pour un enfant de 2 ans et plus.

Pâte à modeler

Faites vous-mêmes votre pâte à modeler. Avec la recette suivante, la réussite est assurée.

PÂTE À MODELER[8]

1 tasse de farine
1/2 tasse de sel
2 c. à table d'huile
2 c. à table de crème de tartre
1 tasse d'eau bouillante
colorant alimentaire

Mélanger tous les ingrédients secs
Mélanger le colorant à l'eau
Ajouter l'huile et l'eau bouillante aux ingrédients secs
Mélanger le tout en pétrissant
Si le mélange colle, ajouter un peu de farine
Si le mélange est trop dur, ajouter un peu d'eau.

Des emporte-pièce pour biscuits constituent des outils de choix pour jouer avec la pâte à modeler.

Donnez libre cours à votre imagination et vous surprendrez votre enfant par la variété de jouets inédits que vous lui ferez découvrir.

8. Tous mes remerciements à Julie Abran pour avoir partagé sa recette avec nous.

Les jouets éducatifs

Qu'entend-on par « jouets éducatifs » ? Tout jouet qui permet un certain apprentissage n'est-il pas éducatif ? Un tricycle apprend des choses à l'enfant au plan moteur tout comme un livre le fait au plan intellectuel. En fait, un jouet éducatif fait le plus souvent référence à un matériel de jeu qui vise un apprentissage précis, comme apprendre des mots, les lettres de l'alphabet, les chiffres, développer la mémoire visuelle, reconnaître des objets semblables et différents.

Les jouets éducatifs sont-ils une panacée ou au contraire devraient-ils être proscrits ? Ni l'un ni l'autre. Si le parent n'offre que des jouets éducatifs à son enfant, celui-ci risque d'apprendre à jouer de manière répétitive, sans développer sa fantaisie personnelle. En effet, ces jouets sont peu polyvalents et il n'y a, le plus souvent, qu'une seule façon de les utiliser.

Par exemple, imaginons un jouet sur lequel divers objets sont représentés par des boutons ; en pressant ces boutons, l'enfant entend le mot correspondant. Le risque est grand que le plaisir soit rapidement évacué avec un jouet si peu polyvalent. Pour éviter que ce soit le cas, il faut être attentif et inventif, et créer une situation de jeu ; autrement dit, utiliser le jouet de façon ludique. Ainsi, on peut créer une histoire et chaque fois que tel mot est mentionné, l'enfant doit trouver le bouton correspondant sur son jouet. L'enfant peut participer encore plus activement : ainsi, au moment où tel mot est requis dans l'histoire, le conteur arrête son récit et laisse l'enfant choisir l'objet qui produira le mot attendu.

On peut toutefois utiliser d'autres matériaux plus abordables que les jouets dits « éducatifs » pour favoriser certains acquis précis. Par exemple, on peut faire identifier les objets de même grosseur, de même forme, de même couleur à l'aide de boîtes, de boutons, de blocs de bois.

Par contre, certains de ces jouets « éducatifs » sont particulièrement intéressants. Pensons aux portiques d'activités sous lesquels le jeune bébé est couché et qui lui permettent d'entendre des sons et de voir des couleurs variées, et qui l'incitent à être actif; ou alors au mobile musical qui fait entendre une douce musique et qui prédispose au sommeil.

La télévision ? L'ordinateur ? Les jeux informatiques ?

L'écoute de la télévision par l'enfant demande à l'adulte surveillance et dosage. Il est important de bien choisir les émissions que l'enfant regarde et, parfois, il est utile de les commenter. D'ailleurs, écouter une émission avec un adulte est beaucoup plus enrichissant pour l'enfant que s'il est laissé à lui-même ; de plus, ce moment peut susciter une douce complicité.

Dès l'âge de 2½-3ans, la télévision représente pour l'enfant un apprentissage de la culture dans laquelle il baigne. Jusqu'à 6 ans, il préfère les dessins animés : il perçoit alors clairement qu'il est dans le monde de la fiction. Bien sûr, il faut limiter le temps passé devant le petit écran puisqu'une utilisation abusive de la télévision invite à la passivité.

L'ordinateur, devenu un outil quotidien, tant au travail qu'à l'école, a remplacé le crayon ou la machine à écrire chez la plupart des gens. Il est intéressant de familiariser l'enfant avec le monde informatique durant la période préscolaire : l'enfant apprend à utiliser une souris, à déplacer le curseur à l'écran et il découvre les rudiments de l'ordinateur. Toutefois, il faut voir que ce n'est qu'*une* activité parmi d'autres ; l'ordinateur n'est pas une activité prioritaire de l'enfance.

Les cédéroms pour les tout-petits proposent souvent des activités visant l'apprentissage de certains préalables scolaires, comme la perception des couleurs, des formes, des grandeurs ou la compréhension de la relation de cause à effet. Selon le logiciel ou le cédérom retenu, les apprentissages varient. Certains sont très bien conçus, comme *Je découvre l'ordinateur, Jardin d'éveil, Adibou, Kid Pix.*

Quant aux jeux vidéo, il est pertinent, pour en faire un choix judicieux, de s'arrêter aux valeurs qu'ils véhiculent : la réflexion, la vitesse, la compétition, la compassion, la générosité ou la violence.

À l'analyse, on réalise que tant les cédéroms que les jeux vidéo requièrent l'attention, la concentration, la mémoire, la reconnaissance visuelle des personnages et des objets, la logique de l'enfant de même qu'une bonne coordination œil-main. Toutefois, ni la motricité globale, ni l'expression de sentiments, ni la créativité ou les relations aux autres ne sont stimulées. Dans ce monde virtuel, le partenaire de l'enfant est une machine. Pour un enfant d'âge préscolaire, il est sage de limiter l'utilisation de l'ordinateur. Le danger qui guette l'enfant, c'est l'intoxication par ce monde artificiel. Il faut donc sélectionner judicieusement ce qu'on met entre les mains de l'enfant et en contrôler l'usage.

Pour les familles qui n'ont pas d'ordinateur, il est rassurant de savoir que l'enfant qui arrive à la maternelle sans expérience du monde de l'informatique rattrape aisément ceux et celles qui ont connu l'ordinateur à la maison.

Pour réduire le coût des jouets

Quelles stratégies peut-on envisager pour réduire le budget consacré aux jouets ? L'une d'entre elles consiste à utiliser des jouets maison. On peut également faire des échanges avec des amis qui ont des enfants du même âge que les nôtres. Cet échange peut inclure aussi les jeux informatiques. Et pour les jouets plus chers, pourquoi ne pas les suggérer aux grands-parents ou au parrain et à la marraine comme cadeau d'anniversaire ?

Dans certaines villes et quartiers, il existe aussi des ludothèques (ou joujouthèques) qui sont, en quelque sorte, des bibliothèques de jouets. On y emprunte un certain nombre de jouets pour quelques semaines, moyennant un coût minime d'abonnement. On peut alors identifier le jouet qui intéresse le plus notre enfant et le retenir comme suggestion de cadeau pour un prochain anniversaire.

En résumé

1) Les jouets sont des outils pour jouer et avoir du plaisir. Il n'est pas nécessaire qu'ils soient nombreux, mais ils gagnent à être variés.
2) Les jouets manufacturés et les jouets dits éducatifs ne sont pas les seuls à retenir; les jouets maison sont tout aussi riches en possibilités.
3) Pour réduite le budget consacré aux jouets, il y a différentes solutions : outre les jouets maison, échanger avec des amis, fréquenter la ludothèque de votre région ou en créer une.

CHAPITRE 5

JOUER EN TOUTE SÉCURITÉ

«Ils [les enfants] ont droit à la joie et au plaisir d'habiter leur univers, la planète enfance.»
Sylvie Bourcier

Pour que le jeu soit sans danger, diverses précautions s'imposent : pour éviter les accidents bien sûr, mais aussi pour maintenir la santé (hygiène, bonnes postures) et pour favoriser le développement harmonieux de l'enfant.

Il a déjà été dit qu'un des premiers critères d'un bon jouet concerne la sécurité. On doit porter une attention particulière au matériel de jeu fait maison de même qu'aux objets domestiques que l'enfant peut s'approprier comme jouets. Certains jouets commerciaux présentent aussi un danger à certains égards. Il faut également s'assurer que l'environnement dans lequel l'enfant joue est exempt de danger. Voyons en détail ces différents principes.

Sécurité des jouets

Jouets faits maison

Si maman ou grand-maman a la bonne idée de fabriquer quelques jouets en tissu, deux précautions s'imposent : il faut vérifier la solidité des accessoires qui y sont cousus et la qualité de la teinture. Ainsi, si des boutons sont devenus les yeux d'un animal, il faut vérifier la résistance de la couture en tirant avec force sur les boutons. S'ils résistent à ce geste, ils résisteront tout autant aux manipulations de l'enfant.

Une deuxième précaution concerne la qualité de la teinture : certains tissus sont faits avec une teinture de qualité médiocre. Comme le jeune enfant porte tout à sa bouche, vous pourriez le voir grimacer. À la réception d'un jouet maison en tissu, « goûtez-le » ; vous reconnaîtrez alors la qualité de la teinture.

Par ailleurs, tous les jouets en tissu ou en peluche, qu'ils soient faits maison ou qu'ils aient été achetés au magasin, doivent être tenus loin de la cuisinière, du foyer, des radiateurs ou de toute autre source de chaleur.

Pour sa part, papa ou grand-papa qui fabrique un jouet en bois doit éviter toute arête sur laquelle l'enfant pourrait se blesser et plutôt opter pour des formes légèrement arrondies. Également, la peinture et le vernis utilisés doivent être non toxiques, compte tenu que le jeune enfant est susceptible de porter aussi ce jouet à sa bouche.

Hygiène des jouets

Les jouets doivent être nettoyés et lavés régulièrement, tout comme les objets sur lesquels l'enfant colle le plus souvent ses mains ou sa bouche, tels que boutons de porte et poignée du réfrigérateur.

Le meilleur moyen de prévenir les infections chez l'enfant consiste toutefois à lui laver les mains fréquemment au cours de la journée : avant les repas, en entrant de dehors après avoir joué, après être allé aux toilettes. C'est une précieuse habitude de vie à donner à l'enfant que de l'accoutumer très tôt à se laver les mains et lui montrer à bien le faire.

Rangement des jouets

On facilite le rangement des jouets en fixant des tablettes au mur ; l'enfant peut alors trouver lui-même le jouet qu'il veut et le ranger par la suite. Cette solution est préférable au coffre dans lequel tous les jouets se retrouvent pêle-mêle et risquent de plus de se briser.

Les tablettes doivent être à la bonne hauteur afin que l'enfant soit capable, en élevant le bras, d'y poser sa main à plat : ainsi, non seulement il peut voir ce qu'il y a sur la tablette, mais il arrive à saisir le jouet convoité et à le remettre à sa place. Par contre, on a avantage à laisser sur le plancher les jouets plus lourds, comme un camion ou un panier de blocs.

Si l'enfant dispose d'un coffre à jouets, il faut alors s'assurer qu'il y a une ouverture d'aération au cas où il s'y faufilerait ; pour les mêmes raisons, le couvercle doit être léger et facile à soulever de l'intérieur.

Les jouets dangereux pour un jeune enfant[9]

Ballons gonflables

Le plus grand nombre de décès liés à des « jouets » sont attribuables à l'étouffement avec des ballons non gonflés ou

9. Certaines des informations contenues dans la présente section se retrouvent dans les publications du Bureau de la sécurité des produits de Santé Canada : (450) 646-1353, (514) 283-5488 ou 1 (800) 561-3350.

des morceaux de ballons crevés. Il faut surveiller de près des enfants qui jouent avec des ballons gonflables, lors d'une fête par exemple, et jeter immédiatement les morceaux de ballons crevés.

Papier journal

L'enfant peut aisément déchirer du papier journal (ou d'emballage ou des feuilles d'un catalogue) et, s'il le porte à sa bouche, il peut obstruer ses voies respiratoires. Il est donc prudent de mettre les journaux hors de la portée du jeune enfant et de leur préférer des livres cartonnés faits spécialement pour résister aux petites mains curieuses.

Sacs de plastique

Les sacs de plastique ne doivent pas non plus servir de jouets. À surveiller : les emballages des jouets, les enveloppes de plastique recouvrant les vêtements nettoyés à sec, les sacs d'épicerie. Dès l'arrivée à la maison, soit on les jette, soit on les noue et on les range pour un recyclage ultérieur. Quand on souhaite ranger les jouets d'un jeune enfant pendant un certain temps, mieux vaut plutôt utiliser une boîte de carton qu'un sac de plastique.

Jouets à pile

Les enfants peuvent se brûler avec des jouets à pile qui surchauffent. Assurez-vous que les piles sont correctement insérées dans le jouet ; c'est d'ailleurs un adulte qui doit changer les piles et non un enfant. Si les piles sont facilement accessibles pour l'enfant, elles présentent un danger.

Saviez-vous qu'il est dangereux d'utiliser de vieilles piles avec des piles neuves, des piles alcalines avec d'autres au carbone, des piles rechargeables avec d'autres qui ne le sont pas ? Dans un jouet, toutes les piles devraient être du même âge et du même genre. Enfin, on ne doit pas apporter des jouets à pile dans le lit de l'enfant: un ourson, c'est beaucoup mieux et tellement plus doux!

Les enfants plus vieux doivent apprendre à ne pas s'approcher la tête des véhicules à roues qui fonctionnent avec des piles, car leurs cheveux peuvent s'y emmêler.

Jouets d'enfants plus âgés

Si l'enfant a une sœur ou un frère plus âgé, il faut s'assurer que les jouets de l'aîné ne deviennent pas une cause d'accident pour lui et mettre hors de sa portée tout ce qui pourrait être avalé. Les jouets de l'enfant plus jeune peuvent être utilisés sans risque par un enfant plus vieux, mais non l'inverse.

Pour vous assurer que ce que vous présentez à votre jeune enfant n'est pas trop petit, procurez-vous un tube de suffocation disponible dans certaines quincailleries. Si le jouet ou des parties de celui-ci passent dans le tube, c'est qu'ils présentent un risque d'étouffement. Un rouleau cartonné de papier de toilette peut aussi servir de tube de suffocation. Tout objet qui peut le traverser doit être mis hors de portée du jeune enfant. Cette précaution est valable pour tous les enfants de moins de 3 ans.

Jouets en mousse

Des jouets en mousse, balles ou personnages, sont à bannir pour le jeune enfant parce qu'il peut les déchirer et s'étouffer.

Jouets bruyants

Quand on parle de sécurité des jouets, on ne pense pas spontanément au bruit qu'ils produisent. Pourtant, en plus d'exciter l'enfant (et de vous énerver), un jouet bruyant régulièrement utilisé peut avoir un impact sur son audition. Il faut être d'autant plus attentif à cette caractéristique que, compte tenu de la taille de l'enfant, celui-ci entend de beaucoup plus près que vous le bruit produit par le jouet. Ainsi un jouet dont vous jugez le bruit tout à fait supportable peut s'avérer en réalité trop fort pour l'enfant.

Si un jouet bruyant utilisé très fréquemment entraîne une perte d'audition, même légère, l'enfant peut devenir moins attentif quand vous lui parlez; ce jouet peut ainsi influencer négativement le développement de son langage, qui repose en bonne partie sur ce qu'il entend.

Jouets brisés

Il est également important de s'assurer régulièrement que les jouets de bébé sont intacts; ils ne doivent ni être brisés ni présenter une arête coupante, les petites billes ne doivent pas pouvoir sortir du hochet, la couture du jouet en tissu doit être intacte.

Les bonnes positions de jeu

Assis par terre

Le jeune enfant joue fréquemment assis par terre sur le tapis du salon ou dans sa chambre. Certains prennent l'habitude de s'asseoir en *grenouille*; plutôt que de s'asseoir sur leurs talons, ils ressortent les jambes de chaque côté, ce qui étire les ligaments de l'articulation du genou de côté. Le genou n'est pas fait pour cette position, mais seulement pour des mouvements de flexion et d'extension. Mieux vaut s'asseoir les jambes croisées l'une sur l'autre devant soi.

Assis à une table

Quand on dispose une table de jeu pour un jeune enfant, il faut suivre quelques règles d'ergonomie.

- Quand cela est possible, favoriser un éclairage naturel. On place la table de l'enfant perpendiculairement à la fenêtre, de sorte que l'éclairage vienne de sa gauche si l'enfant est droitier (ou si sa latéralité n'est pas encore établie, mais qu'il utilise le plus souvent sa main droite) et de sa droite s'il est gaucher. Le principe à se rappeler, c'est d'éviter que sa main ne jette de l'ombre sur son jouet.
- Concernant l'éclairage artificiel, avec un jeune enfant, mieux vaut choisir un éclairage central au plafond de la chambre, ce qui diminue les risques d'accidents ou de brûlures. Alors la table sera placée encore une fois pour éviter toute interférence entre la source lumineuse et l'enfant.
- Si on choisit de placer une lampe d'appoint sur sa table, des ampoules incandescentes classiques sont préférables aux ampoules de type halogène qui, elles, deviennent très chaudes et peuvent provoquer des brûlures. On place cette lampe à l'avant de l'enfant, du côté gauche s'il est droitier, et du côté droit s'il est gaucher.
- Il est préférable d'éviter un revêtement lustré pour la table afin de prévenir les éblouissements liés à l'éclairage.
- La hauteur de la table doit dépasser d'environ 3-5 cm la hauteur des coudes de l'enfant quand il est assis et qu'il appuie ses avant-bras sur la table.
- La chaise doit être d'une hauteur qui permet un angle droit aux hanches. L'enfant doit également pouvoir poser ses pieds bien à plat sur le plancher afin d'éviter l'écrasement de la cuisse sur la chaise et de favoriser un bon alignement du corps en position assise. Si la chaise est trop haute, il suffit d'un petit tabouret pour poser ses pieds à plat.

Debout près de l'évier

L'enfant aime avoir un petit banc qui lui donne accès à l'évier de la salle de bains pour se brosser les dents ou prendre un verre d'eau, et au comptoir de la cuisine pour jouer à faire la vaisselle ou participer à la préparation du repas. Ce banc lui permet aussi d'allumer seul la lumière de sa chambre ou d'atteindre un vêtement dans son placard.

Le banc doit être assez léger pour être transporté par l'enfant, mais avoir une base assez large pour éviter qu'il se renverse quand celui-ci y grimpe, et une surface assez grande pour qu'il puisse y déposer ses deux pieds à plat. Recouvert d'un tapis antidérapant, il offre un gage supplémentaire de sécurité, empêchant l'enfant de glisser quand il y monte pieds nus.

Sécurité dans l'environnement de jeu

L'organisation physique de l'environnement de l'enfant doit lui permettre d'explorer librement l'espace et d'avoir accès à ses jouets quand il le désire. Il doit aussi offrir des garanties de sécurité. Il est prématuré d'éduquer l'enfant au danger quand il commence à peine à se déplacer par ses propres moyens ; il n'a ni le jugement ni l'expérience nécessaires pour évaluer l'aspect dangereux des situations. Mieux vaut l'en soustraire.

Ameublement et accessoires

Lit du bébé

Dans les premiers mois, bébé passe de longues heures dans son lit. S'il s'agit d'un lit usagé, il faut vérifier la largeur des barreaux pour être certain qu'il ne peut y passer la tête. Pour ce faire, on essaie de faire passer une canette de boisson gazeuse à travers les barreaux. Si on y arrive, c'est que les barreaux du lit sont trop larges.

Les lits d'enfant fabriqués avant 1986 ne sont pas conformes aux normes actuelles. Ils sont considérés comme dangereux par Santé Canada. Les lits doivent avoir une étiquette qui indique leur année de fabrication. Sinon, outre la largeur des barreaux, assurez-vous que :

- le cadre du lit est solide;
- les côtés restent bien enclenchés lorsque montés;
- le matelas est bien ajusté aux quatre côtés du lit;
- le matelas n'est ni trop mou ni trop usé.

Si on souhaite peinturer les meubles de la chambre du bébé, il faut choisir une peinture spécialement préparée pour recouvrir les articles pour enfants.

Fauteuil et baignoire

Il ne faut pas sous-estimer la vigueur du bébé. Il faut donc éviter de le déposer sur un fauteuil et s'en éloigner; quelques secondes suffisent pour qu'il roule sur lui-même et tombe par terre.

Également, un enfant ne doit jamais être laissé sans surveillance dans la baignoire; il peut se noyer dans une toute petite quantité d'eau, sans bruit et en quelques secondes. Partagez les plaisirs du bain de votre enfant et restez à ses côtés. Enseignez-lui à toujours rester assis dans la baignoire, car la porcelaine est assez dure pour qu'il se blesse en tombant.

Avant de déposer le jeune enfant dans la baignoire, vérifiez la température de l'eau avec votre coude. Savez-vous que la peau d'un enfant brûle quatre fois plus vite que la peau d'un adulte ? Une peau si sensible mérite quelques précautions supplémentaires.

Siège pour bébé

Quand il est assis dans son siège de bébé, sur le comptoir de la cuisine par exemple, l'enfant ne doit jamais être laissé sans surveillance. Le siège doit être solide et large pour empêcher l'enfant de basculer. Quand vous attachez les courroies de retenue qui empêchent l'enfant de glisser, assurez-vous qu'elles ne touchent pas son cou ; elles doivent se croiser sur sa poitrine.

Chaise haute

Une chaise haute doit avoir une base large pour assurer un équilibre maximal. Elle doit avoir un système de retenue entre les jambes pour ne pas que l'enfant glisse, de même qu'une ceinture abdominale : l'enfant doit toujours être attaché dans sa chaise. Il faut éviter de placer la chaise près du comptoir où mille trésors peuvent tenter l'enfant ou près des appareils électriques dont les fils attirent sa main comme un puissant aimant. Assurez-vous également que la chaise n'est pas près d'une surface dure comme une armoire ou un comptoir de cuisine ; l'enfant pourrait y prendre appui pour pousser avec ses pieds, entraînant un déséquilibre de la chaise et… sa chute.

Arrêtons-nous maintenant aux divers accessoires fréquemment utilisés avec les jeunes enfants.

Parc

Un parc est un lieu où l'enfant joue en toute sécurité et qui sert ainsi à dépanner le parent occupé. Toutefois, il faut comprendre que le moment où on a intérêt à y mettre l'enfant correspond à celui où, au contraire, il a besoin d'élargir son espace puisqu'il commence à se déplacer. Il faut donc faire une utilisation limitée du parc. Toutefois, il peut devenir un lit tout à fait approprié quand vous êtes en visite chez des amis.

Pour qu'un parc offre la sécurité, il doit avoir des mailles de filet de type moustiquaire; les côtés doivent être stables et solides, et les clenches, bien fermées. Pensez à enlever les jouets sur lesquels l'enfant peut grimper et ainsi basculer à l'extérieur. Enlevez également tout morceau de tissu de type foulard qui pourrait étrangler l'enfant.

Balançoire automatique

Cet accessoire, quoique coûteux, s'avère intéressant pour l'enfant qui aime être balancé; en général, ce doux balancement lui plaît. Toutefois, bien qu'il offre une stimulation de mouvements, il favorise peu d'apprentissage au plan moteur. L'enfant apprend et développe davantage sa curiosité quand on le dépose sur un tapis et qu'on le laisse bouger. Par conséquent, mieux vaut limiter à quelques minutes à la fois l'usage de cette balançoire.

Sautoir

Dans ce genre de culotte suspendue à une structure à ressorts qu'on installe dans l'encadrement d'une porte, l'enfant sautille sur place. Quoique ce matériel familiarise l'enfant avec la station debout, il ne contribue en aucune façon à l'apprentissage de la marche. On suggère une utilisation limitée à dix minutes à la fois.

Centre d'activités stationnaire

Un centre d'activités stationnaire est comme une marchette sans roulettes. L'enfant y est assis, il peut se mettre debout, bondir, se balancer de côté et jouer avec les objets placés sur le plateau devant lui. Un tel centre d'activités ne doit pas être placé près des escaliers, des portes, des tables à café, des lampes, du foyer ou autre appareil de chauffage. Sinon, l'enfant peut tomber ou saisir des objets avec lesquels il risque de se blesser ou de se brûler. L'enfant qui est dans un de ces centres doit toujours être sous la surveillance d'un adulte, ce qui évite qu'il trébuche ou que le centre d'activités se renverse sur lui.

Sous la surveillance de l'adulte, ces divers accessoires ne présentent pas de dangers pour la sécurité physique de l'enfant, mais vaut mieux en contrôler l'usage pour éviter les excès qui, eux, peuvent nuire au développement de l'enfant.

Modifications dans l'aménagement

Quand l'enfant commence à se déplacer, il faut être particulièrement vigilant et lui offrir un environnement sans danger. À quatre pattes, que voit-il ? Qu'est-ce qui se trouve à sa portée et que peut-il faire ? Ouvrir les armoires, insérer des objets dans les prises de courant, tirer sur le fil de la bouilloire ou du grille-pain ? Quand il commence à marcher, il a alors accès à des objets placés plus haut sur les tablettes ou dans la bibliothèque. En faisant le tour de la maison pour évaluer les risques potentiels, vous pouvez apporter les correctifs qui s'imposent.

Certains parents décident de ne rien modifier dans l'environnement et d'enseigner plutôt à leurs petits à respecter les interdits. À mon avis, il est préférable d'apporter quelques changements dans l'aménagement de la maison, en enlevant ce qui ne devrait pas devenir un jouet pour l'enfant, plutôt que de devoir constamment le surveiller ou lui dire « non ». L'enfant de moins de 2 ans ne reconnaît pas les dangers et ne peut donc pas les éviter : c'est à l'adulte d'y voir.

Enlever, déplacer, ranger

Les disques compacts ont avantage à se retrouver hors de sa portée. On doit également retirer une lampe sur le bord d'une table basse ou une nappe à laquelle l'enfant peut s'agripper. Il vaut mieux remiser pour quelque temps les meubles instables ou sur roulettes; sinon, l'enfant risque de s'y appuyer pour se mettre debout et... tomber. On éliminera également le petit tapis qui glisse sous les premiers pas de l'enfant.

Quand vous recevez des invités, soyez attentif à mettre hors de portée de l'enfant les plats de bonbons, de noix, de maïs soufflé et de croustilles : l'enfant peut s'étouffer avec ces aliments. On doit également éviter de laisser des breuvages chauds ou alcoolisés sur une table à café.

Il faut veiller à ce qu'aucun objet susceptible d'être avalé par l'enfant ou de l'étouffer ne traîne par terre : pièces de monnaie, épingles, petits boutons, etc.

Produits de nettoyage

Il faut déplacer les produits de nettoyage qui sont rangés dans le bas des placards et les mettre hors de portée de l'enfant, ou bloquer les placards avec des loquets de sécurité. Les empoisonnements liés à l'ingestion de produits dangereux sont malheureusement trop fréquents. Quand une armoire est aménagée pour que l'enfant puisse y jouer, il lui est facile d'accepter l'interdiction imposée sur les autres armoires qui, elles, sont munies de fermoirs. Dans son armoire, on offre à sa curiosité des boîtes, des tasses à mesurer, des bouteilles et des couvercles en matière plastique.

Outre les produits de nettoyage, l'enfant ne doit pas non plus avoir accès aux médicaments, incluant les vitamines, aux shampooings, aux produits de beauté, aux parfums et aux vernis à ongles.

Toxicité des plantes

Il est prudent de vous informer dans les jardineries afin de savoir si vos plantes sont toxiques. Si elles le sont, mettez-les hors de portée de l'enfant. Même si elles ne sont pas toxiques, il est sage de les surélever ; on évite ainsi de les retrouver par terre ou délestées de leurs fleurs et de leurs feuilles.

Sachez que le gui et le houx sont toxiques. Durant les fêtes de fin d'année, accrochez ces branches assez haut pour que l'enfant ne puisse les atteindre.

Cordons de stores

Un jeune enfant risque de s'étrangler avec des cordons de stores. Roulez-les et accrochez-les hors de sa portée. Évitez de placer le lit, la chaise haute ou le parc près de ces cordons.

Même sur les vêtements de bébé, il est recommandé d'enlever les capuchons et les cordons avec lesquels il pourrait s'étrangler. Pour les mêmes raisons, mieux vaut un cache-col qu'un foulard.

Prises de courant

Les prises de courant doivent être recouvertes d'un protecteur pour éviter que l'enfant n'y insère de petits objets. On trouve dans toutes les quincailleries des capuchons de sécurité en plastique servant de cache-prise.

Fils d'appareils électriques

Il est important de prendre très tôt l'habitude de ne jamais laisser pendre un fil du comptoir de cuisine, que ce soit celui de la bouilloire, du grille-pain ou du fer à repasser. Également, tout manche de poêlon ou de casserole doit être tourné vers le mur pour le rendre inaccessible à l'enfant qui, autrement, peut facilement le tirer vers lui et en renverser le contenu.

Lors d'une visite chez des amis ou dans la famille, une petite visite d'inspection de la cuisine permet de vérifier la sécurité de la pièce pour l'enfant et d'apporter ces petits correctifs, s'il y a lieu.

Barrières pour les escaliers

Concernant les escaliers, plusieurs parents en limitent l'accès à l'enfant à l'aide d'une barrière. C'est une sage précaution : ce sont les chutes qui amènent le plus souvent les enfants aux urgences des hôpitaux.

Au bas de l'escalier, Santé Canada recommande d'utiliser une barrière à ressort. Pourquoi ne pas l'installer à la deuxième ou troisième marche ? L'enfant a alors la possibilité de se pratiquer à monter une marche ou deux sans grand risque, même s'il chute, surtout si on dépose une carpette au bas des marches. Il est préférable de fixer des barrières dans le mur, en haut des escaliers.

Carré de sable, barrière extérieure et structures de jeu extérieures

Quand il n'est pas utilisé, le carré de sable doit être recouvert pour éviter qu'il ne devienne une litière pour les chats du voisinage. La petite piscine pour enfant doit, pour sa part, être vidée si elle n'est pas utilisée. Si une barrière extérieure délimite le terrain, il faut s'assurer que l'enfant ne peut passer ni dessous ni dessus.

Quant à l'équipement de jeux extérieurs (balançoires, glissoires, etc.), il doit être solidement fixé au sol. Par ailleurs, que ce soit au parc du quartier ou dans sa cour, le jeune enfant qui joue sur des balançoires ou dans une glissoire doit être surveillé ; cette surveillance doit être accrue s'il y a plus d'un enfant. Une balançoire lâchée brusquement peut facilement blesser un autre enfant. Se suivre de trop près dans une glissoire peut aussi être cause d'accident. On doit donc enseigner à l'enfant diverses règles de sécurité.

Casque protecteur

Il est sage d'inculquer l'habitude du casque protecteur dès que l'enfant monte sur son tricycle. L'habitude étant prise, il lui sera plus facile de la conserver quand il circulera à bicyclette. Un casque protecteur est également nécessaire quand l'enfant chausse ses patins, qu'il s'agisse de patins à roues alignées ou à glace. Il lui faudra un certain temps pour maintenir son équilibre et, lors de ses premiers essais, il risque de tomber plus d'une fois.

Sac à dos

Très jeunes, nos enfants transportent divers objets dans leur sac à dos : ce peut être un jouet et des vêtements de rechange pour le service de garde, la serviette et le maillot de bain pour le cours de natation. L'enfant doit porter son sac à dos avec les deux courroies, évitant de déséquilibrer un côté du corps.

Il faut aussi limiter le poids du sac afin de protéger le dos de l'enfant. Selon l'Académie américaine de chirurgie orthopédique, le sac ne doit pas peser plus de 20 p.100 du poids de l'enfant, alors que l'Association internationale de chiropratique pédiatrique recommande de ne pas dépasser 10 p. 100. Une moyenne de 15 p. 100 apparaît donc acceptable : si un enfant pèse 20 kilos, son sac à dos ne doit pas peser plus de 3 kilos. On doit retenir cette précaution quand il ira à l'école et qu'il transportera ses livres. Il est sage de se préoccuper de son dos dès ses premières années.

Ces diverses suggestions visent à assurer la sécurité de l'enfant dans son quotidien et à faire en sorte que son jeu soit source de plaisir et non de blessures.

Et la sécurité pour les parents ?

Le parent risque-t-il de se blesser quand il joue avec son enfant ? Oui, s'il ne sait pas utiliser adéquatement son corps. Il existe certaines règles de mécanique corporelle qu'il est important de respecter, au jeu comme ailleurs.

Pour soulever des poids, il faut utiliser les muscles les plus forts. Les muscles des cuisses sont plus forts que ceux du dos. Alors, si vous soulevez votre enfant, soit à partir du sol, soit à partir de la baignoire, pliez les genoux pour faire entrer en action les muscles de vos cuisses. Pour transporter votre enfant, appuyez-le sur votre hanche qui absorbera le plus gros de son poids au lieu de solliciter exclusivement vos bras et votre dos.

Si vous portez un sac à dos, lors d'une excursion familiale par exemple, vous devez aussi respecter la règle du 15 p. 100 de votre poids corporel.

Alors, tant votre enfant que vous-même pourrez jouer en toute sécurité et dans le confort.

CHAPITRE 6

JOUER AVEC QUI ?

Si tu m'apprivoises,
nous aurons besoin l'un de l'autre.
Tu seras pour moi unique au monde.
Je serai pour toi unique au monde.

Saint-Exupéry, *Le petit prince*

À quoi servent les partenaires de jeu ? À partir de quel âge est-il souhaitable que l'enfant joue avec d'autres enfants ? Doit-on s'inquiéter que son enfant ait un ami imaginaire ? Qu'est-ce qui rend un enfant populaire auprès des autres ? Et les parents ? Doivent-ils apprendre à leur enfant à jouer ? Doivent-ils devenir ses partenaires de jeu ?

Apprendre à jouer avec les autres

Savoir se comporter avec les autres, ce n'est pas inné. Attendre son tour, accepter de partager, coopérer, respecter les autres, comprendre leur point de vue, apprendre à négocier, voilà autant d'habiletés que l'enfant doit développer pour fonctionner de façon harmonieuse en société. Ce processus de socialisation s'étend sur plusieurs années, commençant d'abord à la maison, puis à la garderie et, enfin, à l'école. Comment se développent ces habiletés et en quoi le jeu y contribue-t-il ?

Le jeu solitaire

Au cours de sa première année de vie, le bébé n'a pas d'intérêt particulier pour les autres enfants, qui le font parfois rire et sourire mais pas plus que les autres personnes de son entourage. Le bébé joue le plus souvent en solitaire ou avec un adulte et son énergie est concentrée sur la découverte de son corps et des objets qui l'entourent.

À quelques mois, il reconnaît les personnes familières et réagit à leur présence en souriant, en gazouillant ou en leur tendant les bras. Comme nous l'avons dit précédemment, à compter de 6 mois l'enfant développe un attachement particulier à certaines personnes et, vers 7 ou 8 mois, il peut manifester une réaction de peur face à des inconnus. Étonnamment, on ne note aucune réaction de ce genre face à un autre enfant qu'il ne connaît pas.

Le jeu parallèle

Après la première année, l'enfant s'intéresse peu à peu aux autres petits, d'abord par curiosité et ensuite comme des partenaires potentiels. Vers 18 mois, l'enfant regarde en général les autres agir, sans pour autant partager leurs jeux. Son plaisir vient du seul fait d'être à côté d'eux : c'est le jeu parallèle. Il observe ce qu'ils font, comment ils jouent, comment les adultes réagissent et, par cette observation, l'enfant apprend graduellement comment se comporter avec les autres, se préparant à s'intégrer à leurs jeux.

Ce jeu parallèle est donc source d'apprentissage pour l'enfant : il lui permet d'apprivoiser les autres qui deviennent en quelque sorte des modèles à imiter. Au parc, il est plus approprié d'inciter un enfant de cet âge à regarder ce que font les autres que de le forcer à partager leurs jeux.

Dès ce jeune âge, l'enfant est sensible à la peine de l'autre et il tente volontiers de le consoler quand celui-ci pleure, par exemple, en lui offrant un jouet ou en le caressant.

Vers 2 ans, l'enfant découvre une notion importante : la propriété. Dorénavant, il sait que tel jouet lui appartient bel et bien. Comme cette notion est toute nouvelle, il n'est pas encore très enclin à partager. Quand des problèmes surgissent avec d'autres, il est préférable de distraire le jeune enfant et de laisser tomber les longues explications logiques relatives à l'importance de bien se comporter : il ne les comprendrait pas. Pour accepter le partage, il doit pouvoir se mettre à la place des autres. Or, comme nous l'avons déjà mentionné, l'enfant est égocentrique à cet âge : il ne voit que son point de vue et il est indifférent à celui de l'autre. Il ne comprend pas le désir de l'autre.

Il lui est aussi difficile de prêter ses jouets parce qu'il ne saisit pas le caractère provisoire de ce geste. En refusant de partager, il tente en quelque sorte de défendre sa place parmi les autres. Ce refus, qui peut s'exprimer par des cris, des querelles et même des morsures, provoque chez les jeunes enfants de fréquents conflits liés au désir de possession d'un objet.

Vouloir posséder et refuser de partager sont des comportements normaux chez le jeune enfant. Le partage requiert un long apprentissage. Une fois la notion de propriété bien intégrée, l'enfant est plus apte à partager. Pour aider l'enfant de 2 ans dans ce sens, on peut lui expliquer le principe de réciprocité : « Si tu veux emprunter tel objet, tu pourrais prêter celui-ci en échange. » Préciser ce qui est à lui, ce qui est à l'autre et ce qui est à tout le monde peut aussi être très utile. Toutefois, gronder pour l'obliger à partager l'est beaucoup moins. Si deux enfants de 2 ans sont ensemble autour d'une table, pour gribouiller par exemple, mieux vaut donner à chacun le matériel requis.

Le jeu associatif

Ce n'est que vers l'âge de 3 ans que les enfants arrivent à jouer ensemble sans problème... pendant quelques minutes. Encore centrés sur leur point de vue, ils ont de la difficulté à comprendre que les autres perçoivent les choses différemment. Bien sûr, c'est plus facile si l'enfant n'a qu'un seul compagnon de jeu. D'ailleurs, à cet âge, l'enfant préfère jouer avec un seul ami plutôt qu'avec plusieurs. Vers l'âge de 4 ans, cet égocentrisme diminue et les enfants prennent graduellement conscience des droits des autres ; ils apprennent alors à partager, à attendre leur tour et à avoir du plaisir ensemble.

Si vous faites une fête pour votre enfant de 3 ans, limitez le nombre de jeunes invités : vous limiterez d'autant les risques de conflits. Quand plusieurs enfants de cet âge partagent une activité, il faut qu'un adulte supervise, car les conflits surgissent fréquemment : quand l'enfant souhaite un objet, de l'attention ou de l'aide, c'est tout de suite qu'il le veut. Bien sûr, l'adulte ne doit pas faire fonction de police (quoique ce soit parfois nécessaire) parce qu'alors l'enfant n'apprend pas à régler ses différends. Il est plus utile que l'adulte propose à l'enfant des suggestions pour résoudre le problème (« Tu peux lui demander de te prêter le crayon rouge quand il aura fini... ») plutôt que de donner des ordres (« Allez, prête-lui le crayon rouge ! »). Ainsi l'enfant apprend à se lier aux autres et à faire connaître ses désirs de façon verbale plutôt que par des gestes agressifs.

Vers l'âge de 4 ans, l'enfant coopère dans les jeux de groupe où chacun joue un rôle ; il comprend davantage le principe de l'entraide et est plus enclin aux compromis tout en étant capable de faire sa place dans le groupe. Toutefois, il éprouve encore des difficultés à intégrer une équipe sportive ; ses capacités à suivre des règles précises et son habileté à interagir avec les autres ne sont pas assez développées pour qu'il fonctionne harmonieusement dans la compétition.

Le jeu coopératif, puis le jeu compétitif

Vers l'âge de 6 ans, les enfants commencent à fixer eux-mêmes leurs règles et à coopérer dans un projet. C'est le jeu coopératif, qui sera bientôt suivi du jeu compétitif, dans lequel les enfants apprendront à perdre ou à gagner. Les jeux avec règles (par exemple, les jeux de société) intéressent grandement les enfants d'âge scolaire, qui ont plaisir à suivre les consignes de l'activité.

Le jeu de cachette est un exemple qui montre bien la différence entre les habiletés sociales d'un enfant d'âge préscolaire et celles d'un enfant d'âge scolaire. Ainsi à 3 ans, l'enfant respecte les consignes pendant une très brève période. Quand on tarde trop à le trouver, il sort de sa cachette et appelle celui qui le cherche ; sa tolérance est de courte durée. D'une fois à l'autre, il est porté à reprendre la même cachette : ses stratégies ne sont pas très raffinées. Par contre, vers 6 ans et encore davantage vers 8 ans, ce jeu devient sérieux et il faut respecter les règles : un tricheur risque d'être rapidement expulsé du jeu par les autres. À cet âge, les stratégies sont plus élaborées et l'enfant imagine aisément des cachettes inédites. Il existe donc chez des enfants d'âges différents une grande dissemblance dans la compréhension du jeu et ils auraient du mal à jouer à la cachette ensemble.

Le jeu est une activité naturelle pour l'apprentissage social de l'enfant. En jouant avec des partenaires, il apprend à vivre en société et il découvre le plaisir de partager des activités avec les autres. Il en arrive alors à définir son rôle social et à trouver son identité; au contact des autres enfants, il apprend à se connaître. Il découvre qu'il est un meneur-né, ou celui dont on recherche la compagnie, ou celui qui trouve toujours des idées amusantes pour jouer.

Les frères et sœurs

L'enfant qui a des frères et sœurs a une longueur d'avance sur l'enfant unique en ce qui concerne l'apprentissage de la socialisation. En effet, il doit très tôt tenir compte des autres, sans se laisser dominer par eux et sans les écraser non plus, et trouver sa place dans sa famille.

Les enfants d'une même famille se soutiennent et s'entraident, mais ils jouent volontiers à s'attaquer et à se tirailler. Avoir des frères et sœurs, c'est partager ses parents et c'est vivre des sentiments de jalousie et de rivalité qui se traduisent souvent par des disputes. Chez le jeune enfant, ces bagarres seraient, semble-t-il, une preuve d'intimité; il s'y livrerait plus volontiers avec les gens qu'il connaît bien. Ne nous étonnons pas qu'elles soient plus fréquentes à la maison qu'à l'extérieur et que certains enfants soient de vrais petits diables à la maison alors qu'ils passent pour des anges au service de garde.

Il est important dans les familles où il y a plusieurs enfants de préciser à qui appartiennent les jouets : certains sont à un des enfants et d'autres, à tous. Ces clarifications aident à développer la notion de propriété.

Tout ce que l'enfant apprend avec ses frères et sœurs, l'enfant unique l'apprendra aussi, mais un peu plus tard. Bien sûr, si cet enfant a la possibilité de jouer avec d'autres enfants en milieu de garde ou ailleurs, ces expériences contribueront à sa socialisation.

Comme le dit Lemay[10], les activités de jeu « sont médiatrices de la communication avec ses semblables et, par les jeux partagés, elles placent le sujet devant des succès, des échecs, des joies et des peines tout en le forçant à négocier sa place ; elles permettent à l'enfant de se faire des amis qui, parfois, resteront présents durant toute son existence ».

L'amitié

L'habileté à se faire des amis et à les garder influence positivement l'adaptation future de l'enfant et son rendement en classe. Vers 2 ans, un ami est un bon partenaire de jeu avec qui on expérimente le plaisir tout en minimisant les conflits. À cet âge, l'enfant peut démontrer son amitié par des gestes et des mimiques, et manifester son plaisir à jouer avec son ami. Entre amis, les enfants tentent de régler leurs conflits de façon pacifique, alors qu'avec des enfants sans liens amicaux, les conflits se termineront souvent par la domination d'un des partenaires.

Vers l'âge de 3 ans, au moment du jeu associatif, les conflits et les désaccords risquent d'augmenter, mais les possibilités de solidarité, d'humour et d'amusement aussi. L'enfant découvre les joies de l'amitié, et ses amis prennent encore plus d'importance vers l'âge de 4 ans. Les premières amitiés sont souvent instables : inséparables pendant plusieurs semaines, deux enfants peuvent, du jour au lendemain, ne plus vouloir jouer ensemble.

10. Lemay, M. *Famille, qu'apportes-tu à l'enfant ?* Montréal : Éditions de l'Hôpital Sainte-Justine. 2001. p. 129.

Comme dans le monde des adultes, certains enfants abordent facilement les autres et font sans hésiter les premiers pas, alors que d'autres, plus timides, attendent qu'on leur adresse la parole. Ils hésitent à se mêler spontanément aux jeux des autres.

Qu'est-ce qui fait qu'un enfant est apprécié des autres ? Quelles sont les caractéristiques susceptibles de lui attirer des amis ? Il semble que ce soit principalement sa bonne humeur, sa capacité de contrôler ses émotions et sa sensibilité aux besoins des autres. Par ailleurs, l'enfant agressif, brutal ou rancunier est moins recherché. Imprévisible et d'humeur changeante, il tient mordicus à son point de vue et ce comportement éloigne les petits amis.

Pour devenir un joueur recherché par les amis, l'enfant doit donc apprendre au cours de la période préscolaire à négocier, à coopérer, à partager, à comprendre la perspective de l'autre, à développer de l'empathie. Cette compétence sociale lui permet de s'intégrer à un groupe et représente un préalable important pour une expérience scolaire positive.

Au plan social, un enfant qui a l'expérience du milieu de garde se développe-t-il différemment de l'autre qui demeure à la maison ? Quel impact a la garderie sur la sociabilité de l'enfant ?

La garderie et les habiletés sociales de l'enfant

Nombreuses sont les études qui ont documenté l'impact de la garderie sur le développement de l'enfant. Les plus récentes arrivent aux conclusions suivantes : c'est la qualité de la garderie qui exerce la plus grande influence sur le développement de l'enfant. En effet, la qualité du service de garde aurait un effet positif sur le développement intellectuel et le développement du langage des enfants, particulièrement chez ceux qui viennent d'un milieu défavorisé ou qui sont à risque d'avoir des difficultés cognitives.

En situation de jeu, il semble que l'enfant fréquentant la garderie manifeste plus ses émotions et a moins de comportements négatifs que l'enfant qui n'a pas cette expérience du milieu de garde. Par leurs réactions à son comportement, les autres enfants lui servent en quelque sorte de miroir. L'enfant apprend à modifier son comportement pour être accepté d'eux. Par ailleurs, contrairement à ce qu'on pourrait craindre, la fréquentation précoce et à temps plein de la garderie n'entraverait en aucune façon l'établissement de liens d'attachement entre la mère et son enfant.

C'est toutefois dans sa famille que l'enfant s'initie d'abord à la vie de groupe, qu'il apprend à tenir compte des autres, à défendre son opinion, à respecter les règlements, et à assumer des responsabilités. L'influence du milieu de garde n'est que complémentaire à celle de la famille.

L'ami imaginaire

« Non, maman, ne ferme pas la porte tout de suite. Didi n'est pas encore sorti. »

Qui est Didi ? Son ami imaginaire, bien sûr ! Pourquoi l'enfant a-t-il besoin de s'imaginer un ami ? Croit-il qu'il existe vraiment ? Comment réagir ? Lui faire comprendre que Didi n'existe pas ? Entrer dans son jeu ?

Plusieurs enfants, à partir de l'âge de 3 ans, s'inventent un ami imaginaire. Même Caillou en a un : il s'appelle Georges. On a longtemps pensé que l'ami imaginaire était le lot des enfants uniques ou de ceux qui n'avaient pas d'amis. Maintenant on sait que des enfants créatifs, même entourés d'amis, ont aussi des « Didi » dans leur vie. Parfois, cet ami imaginaire est un animal.

Certains parents s'inquiètent de l'arrivée d'un tel ami dans la vie de leur enfant. Perd-il le contact avec la réalité ou commence-t-il à raconter des mensonges? Ni l'un ni l'autre. En fait, l'enfant sait très bien que Didi sort de son imagination. Pour vous en convaincre, dites-lui avec le sourire: « Tu sais, moi, je ne vois pas Didi: de quoi a-t-il l'air? » Il sera très heureux de vous en donner une description qui pourrait changer dans le temps et son sourire vous remerciera d'entrer ainsi dans son jeu. Il faut éviter de ridiculiser l'enfant ou de rire de lui avec son ami imaginaire. D'ailleurs y a-t-il une seule raison au monde qui justifie de rire d'un enfant?

L'enfant peut utiliser son ami imaginaire pour expliquer ses bévues : c'est lui qui aura cassé un bibelot, renversé de l'eau sur le plancher ou fait tomber la plante. Évidemment même si c'est son ami qui est « responsable », ce sera à l'enfant de ramasser les dégâts. Didi pourrait aussi vous rendre service pour motiver l'enfant à s'acquitter de ses tâches. Alors que l'enfant n'a pas envie de se brosser les dents, Didi aimerait peut-être savoir où est le dentifrice et comment fait l'enfant, qui devient alors le professeur de Didi.

Certains enfants conservent cet ami précieux quelques semaines, d'autres quelques années. Un ami imaginaire, c'est la manifestation de la grande créativité de l'enfant. Il ne faut ni le craindre ni lui donner plus d'importance qu'il n'en a.

L'animal, comme partenaire de jeu

L'animal est un autre partenaire des jeux de l'enfant. Très tôt, il exerce une fascination sur le jeune enfant, que ce soit dans les histoires, dans les dessins animés, dans la vraie vie ou comme jouet. L'animal de peluche s'avère un jouet extraordinaire : en effet, en plus d'être d'une grande douceur, l'ours, le lapin ou le chien en peluche peut tout entendre. À la fois confident et consolateur, il peut aussi remplacer l'ami absent et partager le jeu de l'enfant, tenant fidèlement le rôle que celui-ci attend de lui. Il peut aussi susciter les premiers babillages de l'enfant. Cet animal en peluche sera peut-être l'objet consolateur lors des séparations. Comme cet animal est inanimé, l'enfant est le seul maître de la situation; il peut le traiter comme il veut, sans conséquence.

Et l'animal en chair et en os ? Que ce soit un chat ou un chien, un animal vivant favorise les déplacements du jeune enfant, qui tente de le suivre. Le langage aussi est stimulé : l'enfant veut l'appeler, lui parler. Cet animal peut même devenir le principal confident de l'enfant, celui à qu'il livre ses peines, ses frustrations tout autant que ses joies.

Avec un enfant plus vieux, la présence de l'animal permet d'aborder des questions de sexualité, de naissance ou de mort. Peut-être un de vos enfants vous demandera-t-il, comme cela m'est arrivé, si vous avez coupé son cordon ombilical avec vos dents comme il a vu la chienne de la famille le faire à la naissance de ses chiots ?

Un animal vivant, contrairement à celui de peluche, est cependant une réalité dont il faut tenir compte : il faut le nourrir régulièrement, le sortir, le faire garder en notre absence. Contrairement à l'animal en peluche, il ne voudra pas toujours jouer quand l'enfant le désire. Enfant et animal devront faire des compromis.

Tous les enfants d'âge préscolaire réclament un jour ou l'autre un animal domestique à leurs parents. Pour maximiser leurs chances de succès, ils promettent de s'en occuper à 100 p. 100. Bien que l'enfant d'âge préscolaire puisse participer à la préparation des repas de l'animal et aider à sa toilette (et qu'il soit très sincère dans ses promesses), il ne saurait en assumer complètement la responsabilité. S'occuper de l'autre, respecter ses engagements, assumer ses responsabilités sont des acquis qui se développent à l'âge scolaire. Un enfant de 10 ans saura le faire, pas un enfant de 4 ou 5 ans. Mieux vaut le savoir avant d'accéder à sa demande.

Jouer avec papa et maman

Le jeu place plusieurs parents devant un dilemme. Doivent-ils jouer avec leurs enfants ou les laisser jouer seuls ? Être parents, c'est une lourde responsabilité et c'est sérieux, tout à l'inverse du jeu. Le parent qui décide de jouer ne risque-t-il pas de compromettre son autorité parentale ou alors de rendre son enfant dépendant de lui ?

Certains parents, se voulant les compagnons de jeu de leur enfant, prennent une place telle qu'ils se substituent aux choix de l'enfant et envahissent son jeu. L'enfant est alors dépossédé d'un temps qui devrait lui appartenir et d'initiatives qui lui reviennent. À l'inverse, d'autres parents ne jouent pas ou ne savent pas comment jouer avec leur enfant. Entre le partenaire envahissant et l'observateur passif ou indifférent, on peut tendre vers une positon intermédiaire, participant à l'activité de son enfant, mais le laissant prendre sa place et nous guider dans son jeu. Le parent devient alors un partenaire actif de l'enfant.

Jouer avec son enfant, c'est être capable de se mettre à son niveau et de rire des mêmes choses que lui : c'est partager un moment privilégié avec lui. Jouer avec un enfant, c'est délaisser le rôle de l'adulte, de l'éducateur visant des apprentissages précis pour simplement être bien avec lui. Jouer, c'est s'adonner à des activités faites pour le plaisir des deux partenaires.

L'enfant apprécie grandement que papa ou maman participe à son activité de jeu, surtout si le parent le fait à un moment où il en a vraiment le goût.

Si on y regarde de plus près, environ le tiers des interactions parents-bébé peuvent être considérés comme un jeu. Quand les besoins de base sont satisfaits, que l'enfant est éveillé, les interactions parents-bébé sont purement sociales et peuvent très bien être considérées comme ludiques, que ce soit les petits mots doux murmurés à son oreille, les caresses, les bercements, les chansons.

Papa et maman jouent différemment

Papa et maman ne jouent pas de la même façon avec bébé. Plusieurs études le démontrent. Ainsi, quand il s'amuse avec son très jeune enfant, le père préfère des activités corporelles avec proximité physique : il bouge les bras et les jambes, et il touche davantage le bébé que la mère. Pour sa part, elle a plus d'intérêt pour les jeux visuels, comme les mimiques; elle parle davantage à l'enfant et suscite son attention en faisant des gestes devant lui et en frappant dans ses mains. Elle utilise aussi plus de jouets. Pendant les six premiers mois, les jeux tactiles et verbaux prédominent toutefois chez les deux parents.

Face à une nouvelle situation, en présence d'un chien étranger par exemple, papa et maman réagissent aussi différemment. La mère se rapproche de l'enfant pour le rassurer alors que le père a plus tendance à rester en retrait et à laisser l'enfant affronter la situation.

Au cours de la période préscolaire, les activités qui attirent l'un et l'autre parent avec leur enfant sont différentes. Papa propose davantage des jeux physiques, maman joue plus souvent à des jeux de perception et de motricité fine (casse-tête, dessins) et elle lui raconte davantage d'histoires.

Comme papa et maman n'aiment pas les mêmes jeux, c'est parfait pour l'enfant. Avec chacun, il découvre de nouvelles choses.

Interactions parents-enfant dans le jeu

Le contact créé avec votre enfant, le lien établi avec lui est beaucoup plus important que l'activité que vous faites avec ou pour lui. Le jeu est une activité de choix pour créer un lien parents-enfant riche et pour établir une interaction mutuellement satisfaisante. Quand vous jouez avec votre enfant, vous avez du plaisir avec lui et vous appréciez sa présence. Pour l'enfant, jouer avec papa ou maman, c'est aussi être bien avec eux.

En jouant ensemble, parents et enfant bâtissent une nouvelle complicité et apprennent à se connaître d'une façon différente.

Le jeu est un secteur d'activité hautement satisfaisant pour l'enfant tout autant que pour les parents, et il aide à établir une interaction riche et solide.

Découvertes mutuelles dans le jeu

Dans le jeu, tant les parents que l'enfant font des découvertes. D'un côté, le parent voit ce que son enfant aime, ce qu'il peut faire, comment il réagit, que ce soit au succès, à l'échec ou aux situations cocasses. Le parent découvre ainsi des facettes insoupçonnées chez son enfant. Il redécouvre l'environnement avec les yeux de l'enfance ; les objets, les activités, les situations sont abordés différemment par le regard de son enfant.

De son côté, l'enfant réalise que, comme lui, papa et maman aiment rire, qu'ils peuvent avoir parfois de drôles d'idées et qu'ils éprouvent du plaisir à jouer.

Jouer avec grand-papa et grand-maman

Les grands-parents d'aujourd'hui ont changé l'image qu'on en avait. Grand-maman n'a plus son chignon blanc ni son tablier, et grand-papa a depuis longtemps éteint sa pipe et remisé sa chaise berçante; souvent, les deux sont encore sur le marché du travail.

Ce qui n'a pas changé toutefois, c'est le lien très fort et très particulier qu'ils peuvent développer avec leurs petits-enfants. Quand ils les gardent, ils peuvent leur offrir un cadeau qui est inestimable de nos jours : du temps ! Les heures passées avec leur petit peuvent lui être entièrement consacrées puisque, contrairement aux parents, ils auront le temps de faire les autres choses importantes quand l'enfant sera retourné chez lui.

Comme ils ne sont pas pressés, ils acceptent volontiers que l'enfant les aide à ramasser les feuilles ou à cueillir les tomates dans le potager ou à préparer des biscuits. Ils sont aussi des partenaires disponibles pour jouer à la cachette, aller à la pêche ou jouer au ballon. Ils peuvent aussi amener leur petit à des spectacles de magie, de cirque ou de théâtre.

Également, les albums-photo des grands-parents révéleront de grands secrets à l'enfant, lui permettant de voir ses parents à son âge, de découvrir à quoi ils ressemblaient, les vêtements qu'ils portaient, les activités auxquelles ils participaient et leurs cadeaux d'anniversaire. C'est une façon très concrète et imagée de découvrir des aspects inconnus de ses parents.

Si, en plus, les grands-parents ont conservé les jouets de leur enfant, ce sera pour leur petit l'heure des grandes questions. « Qui est ce drôle de personnage appelé Goldorak ? Que fait-on avec ces transformeurs ? Maman jouait avec cette pouliche aux cheveux roses ? Et cette petite poupée, pourquoi l'appelle-t-on Fraisinette ? » L'enfant sera heureux de retrouver ces nouveaux jouets à chaque visite chez ses grands-parents.

Les grands-parents ont également dans leur bagage des histoires originales et inusitées à raconter à l'enfant, par exemple des histoires sur leur enfance, qui date de bien avant le magnétophone, le téléphone cellulaire et l'ordinateur. Au temps des dinosaures, quoi !

Toutes ces agréables activités partagées avec ces personnes qui aiment l'enfant de façon inconditionnelle lui laisseront des souvenirs impérissables. Il est très dommage que certains grands-parents dédaignent de tels moments et ne s'impliquent pas auprès de leurs petits-enfants. Il est tout aussi dommage que des parents restreignent le temps que passent leurs enfants avec leurs grands-parents.

Doit-on apprendre à l'enfant à jouer ?

Lors d'un anniversaire, nous offrons un jouet à un enfant. Spontanément, en tant qu'adultes, nous lui faisons la démonstration de tout ce qu'il est possible de faire avec cette merveille : « Regarde, quand je presse la manette, il y a de la musique ; quand j'ouvre la porte, on voit un personnage. » Nous enseignons alors à l'enfant comment utiliser son jouet. Mais est-ce nécessaire ?

Que se passerait-il si, au lieu de cela, nous tentions de susciter l'intérêt de l'enfant par des questions l'incitant à découvrir lui-même le jouet ? « Il y a une porte ! Est-ce qu'elle s'ouvre ? Oh ! Il y a quelqu'un derrière ! Que se passe-t-il quand tu presses cette manette ? Eh ! Tu fais de la musique ! » Alors, nous aidons l'enfant à découvrir lui-même les caractéristiques et le fonctionnement du jouet et à se l'approprier. L'enfant n'a pas besoin qu'on lui apprenne à jouer. Face à un nouveau jouet, on peut le guider pour qu'il en découvre toutes les facettes et, par la suite, il utilisera ses ressources pour jouer à sa façon.

La même philosophie s'applique au dessin. Il n'y a pas une façon unique de dessiner une maison, un arbre ou maman. Qui a décidé qu'on ne pouvait imaginer maman avec des cheveux aux couleurs de l'arc-en ciel, ou un arbre rouge, ou une maison qui touche le ciel ? L'enfant est tout à fait capable de développer son style personnel et n'a nullement besoin qu'on lui montre à dessiner.

Vouloir organiser toutes les activités de notre enfant, y compris son jeu et ses activités de dessin, représente un danger, celui de le maintenir dans un état de dépendance à notre égard. Si on lui dit toujours quoi faire et comment le faire, ou si son horaire fait en sorte qu'il n'a jamais l'occasion d'être laissé à lui-même, comment apprendra-t-il à choisir, à décider, à s'affirmer, à trouver des solutions à ses problèmes ? Ne devrait-on pas viser une telle autonomie ? C'est ce que permet très spontanément le jeu. Encore faut-il laisser à l'enfant de la place pour jouer.

Pour devenir un individu social et s'intégrer à un groupe, l'enfant doit développer une compétence sociale et cet apprentissage se fait spontanément dans le jeu.

En résumé

Par son jeu en solitaire, le jeune enfant découvre son corps et son environnement.

Lors du jeu en parallèle, il observe les autres et développe des stratégies pour éventuellement interagir avec eux.

Dans le jeu associatif, l'enfant développe ses habiletés sociales; attendre son tour, partager, tenir compte de l'autre…

Le jeu permet aux parents et à l'enfant de créer un lien privilégié entre eux et une chaleureuse complicité.

Les grands-parents s'avèrent de riches partenaires de jeu.

L'ami imaginaire et l'animal sont deux partenaires non humains, mais qui jouent aussi un rôle non négligeable dans la vie de l'enfant.

CHAPITRE 7

LE JEU AU SERVICE DES PARENTS

▼

Dans le monde du jeu, le fardeau du quotidien semble plus léger.

B. Man,
Association canadienne pour la santé mentale

Merveilleux outil d'apprentissage pour l'enfant, le jeu s'avère aussi une aide précieuse pour faciliter le quotidien des parents et rendre la vie familiale plus agréable.

Les journées des parents avec leurs enfants peuvent ressembler à une longue succession de tâches à accomplir (repas, rangement, bains) et les moments passés en famille, à des corvées. Il est pourtant possible d'avoir du plaisir en famille et le jeu peut devenir un allié inestimable pour y parvenir. Nombre d'activités ennuyeuses, de responsabilités, de moments d'attente obligatoire peuvent être agrémentés, tant pour l'enfant que pour ses parents, si on les aborde de façon ludique.

Intégrer le jeu dans les tâches quotidiennes des parents

Lorsque vous devez accomplir une tâche, vous ne pouvez, bien sûr, accorder toute votre attention à l'enfant. Or, c'est souvent le moment qu'il choisira pour la réclamer. Lui répondre d'attendre n'a pas toujours l'effet escompté. Vous pouvez alors satisfaire son besoin d'attention sans pour autant cesser l'activité en cours, soit en le faisant participer, soit en créant une situation de jeu. Si vous impliquez l'enfant dans les tâches domestiques, il sera fier de la confiance que vous lui manifestez et cela aura un impact sur son estime de lui-même. Si vous créez une situation de jeu, vous lui offrez un beau moment avec vous.

Votre jeune assistant

L'enfant peut devenir votre assistant dans différentes tâches ; il peut arroser les plantes de la maison, ramasser avec vous les légumes du potager ou nourrir l'animal de la famille.

De la même façon, lors d'une activité de cuisine, vous pouvez lui demander de découper à l'emporte-pièce des biscuits dans la pâte, de mélanger les ingrédients secs d'une recette, de laver les légumes avec une petite brosse, de déchirer les feuilles de laitue pour aider à la préparation de la salade.

Pendant que vous faites le repassage des vêtements, si votre enfant vous demande de jouer avec lui, demandez-lui de vous donner au fur et à mesure les vêtements à repasser ou d'aller porter certains morceaux dans les chambres. Ainsi, vous répondez à sa demande d'attention tout en poursuivant votre tâche.

En intégrant l'enfant dans vos tâches, non seulement se sent-il grand, puisque vous lui confiez des tâches importantes, mais il est aussi moins agité, étant engagé dans une activité de responsabilité. De plus, quand cette activité lui est proposée comme un jeu, elle est plus agréable, tant pour vous que pour lui.

Un spectateur aux première loges

L'enfant trop jeune pour participer à votre activité peut toutefois la partager de façon passive. Vous pouvez inclure bébé dans vos activités en lui disant par exemple : « Allons voir si le courrier est passé ; allons chercher le linge dans le sèche-linge ; allons voir pourquoi le chien aboie. »

Le jeune enfant suivra aussi vos moindres faits et gestes avec intérêt si vous lui expliquez ce que vous faites, si vous l'invitez à regarder, à toucher ou à sentir. « Regarde la pomme de terre : tu vois, elle est brune. Je vais la peler. Regarde, elle est devenue blanche et elle est mouillée : touche. » En lui parlant ainsi, vous captez son attention, vous favorisez sa compréhension et vous lui apprenez mille et une choses.

La table en fête

Demander à l'enfant de mettre la table est une marque de confiance puisque vous lui laissez manipuler assiettes et couverts. Grâce à des couverts en plastique, les mains les plus maladroites dresseront la table sans conséquence fâcheuse en cas d'accident.

Plus tard, cette activité pourra devenir une manifestation d'originalité si vous laissez l'enfant choisir la nappe ou les napperons, de même que les éléments de décoration. Vous vous retrouverez peut-être, un bon soir, avec son ourson comme centre de table.

La chasse aux trésors à l'épicerie

Faire les courses à l'épicerie peut se transformer en chasse aux trésors si on précise à l'enfant ce dont on a besoin au début de chaque rangée et qu'on lui demande de trouver un article précis. Si l'enfant est jeune et se retrouve dans le chariot, on peut l'inviter à pointer, dès qu'il le voit sur la tablette, l'article qu'on cherche.

Vive les repas !

Le moindre repas peut se révéler une véritable fête. On peut identifier les plats de façon amusante. Les pommes de terre en purée sont plus attrayantes quand on les appelle des « pommes de terre en neige »; des tartelettes deviennent des « tartes pour lilliputiens » et une recette de boulettes de steak haché mélangé à du riz, des « porcs-épics ». Les brocolis se présentent comme de charmants petits arbres à manger. Lors d'un repas rapide, on fait griller une tranche de pain et on fait cuire un œuf sur le plat : pour servir, on couche l'œuf sur le pain et ça devient un œuf *paresseux*.

Une collègue de travail me disait que chez elle, la soupe won ton s'appelle la soupe aux *kleenex*; n'avez-vous jamais remarqué à quel point ces pâtes ressemblent à des mouchoirs de papier roulés en boules ? Cette appellation fait la joie de ses enfants et ceux-ci s'amusent à en informer les amis qui viennent manger chez eux.

L'originalité peut être accordée non seulement à l'appellation du plat, mais aussi à sa présentation. Ainsi, le brocoli devient les cheveux, les tranches de concombre, les yeux, un quartier de tomate, le sourire, et les saucisses… la bouche d'un clown improvisé ! L'enfant ne mange pas du brocoli, mais bien… les cheveux du clown. Un dessert fort simple devient un festin quand la banane, fendue sur le long, représente la tige de cette magnifique fleur faite de quartiers d'orange. Apporter une telle touche d'innovation aux repas demande plus d'imagination que de temps.

On peut inviter l'enfant aussi à faire preuve d'imagination; par exemple, pour placer les crudités dans le plat de service, il pourra reproduire un soleil en déposant les bouquets de choux-fleurs au centre et les carottes tout autour qui deviendront les rayons.

La pêche aux vêtements

Le pliage du linge qui sort de la sécheuse peut aussi devenir une activité agréable à partager avec l'enfant. Tous les vêtements sont là, mais ils sont mêlés. L'enfant peut-il distinguer ce qui appartient à papa, à maman, à sa sœur ou à lui-même ? Cette belle jupe est-elle à papa ? Et cette toute petite camisole est-elle à lui ? Ce peut être l'occasion d'un peu d'humour et d'un fou rire partagé.

On peut aussi aller à la pêche dans tous ces vêtements ; l'enfant peut-il retrouver les chaussettes de la même couleur ou les serviettes de la même grandeur ? Saura-t-il plier les petites serviettes et retourner les chaussettes qui sont à l'envers ?

Ces diverses activités proposées à l'enfant lui témoignent votre confiance en ses capacités et vous permettent de poursuivre l'activité en cours sans que l'enfant se sente délaissé.

La cuisine, quel laboratoire !

La cuisine est un laboratoire extraordinaire : d'abord, un laboratoire de mots. En effet, c'est le lieu idéal pour découvrir le nom des aliments (légumes, fruits, viandes) et des ustensiles pour les préparer (cuiller, couteaux, fourchettes, fouets), les mots décrivant les caractéristiques des aliments (chaud/froid) et leurs saveurs (sucré/sur/épicé). Un laboratoire de gestes aussi puisqu'on y apprend à mélanger les ingrédients secs avec la cuiller ou le fouet, à remplir une tasse à mesurer et à verser. Et même un laboratoire de mathématiques ! Cette recette requiert un oignon, deux carottes, trois cuillerées de persil, une tasse de bouillon; l'enfant sait-il reconnaître tous ces nombres ?

N'est-ce pas aussi le lieu tout désigné pour de formidables expériences de chimie ? Au début, l'enfant observe qu'en mélangeant divers ingrédients, maman fait un succulent gâteau. Puis, il saura utiliser lui-même cette poudre magique qui, mêlée à l'eau, devient cette belle gélatine colorée, ou préparer une compote de pommes qui régalera toute la famille au dessert.

Les appareils qu'on trouve dans la cuisine s'avèrent aussi des sources de nouvelles connaissances pour l'enfant. Ainsi, il apprend que le réfrigérateur conserve les aliments froids et même que, dans un de ses compartiments, il peut les geler : un petit cube rempli d'eau devient en quelques heures un glaçon. Le réfrigérateur refroidit donc les aliments et peut changer l'état de certaines substances. De son côté, la cuisinière fait l'inverse : elle réchauffe les aliments qui deviennent brûlants et changent alors de couleur et de texture.

La cuisine est également un lieu pour apprendre certaines règles de prudence : ne pas toucher à la porte du four, aux éléments de la cuisinière qui chauffent, à l'eau qui bout ou à l'eau chaude qui coule du robinet.

Déplacement en poussette

Lors d'un déplacement, si l'enfant veut quitter sa poussette et marcher alors que vous êtes pressés, vous pouvez le distraire en disant : « Voyons s'il y a un chat au coin de cette rue ; il y en a un ? Oui ? », ou en attirant son attention sur un détail « Vois-tu ce bel oiseau ? » ou alors en lui faisant porter un de vos achats. Dans un tel contexte, distraire l'enfant risque d'être plus efficace que de tenter de le convaincre avec vos arguments d'adulte de rester bien sage dans sa poussette.

Les balades en auto

Les déplacements en auto, surtout pour une longue période, sont souvent pénibles et épuisants pour de jeunes enfants et, en conséquence, provoquent une hausse de la tension parentale. Voici quelques trucs qui peuvent rendre ces moments plus agréables ou, à tout le moins, plus faciles.

Prenez l'habitude de chanter en voiture. Au début, les enfants ne peuvent qu'écouter, mais ils sont contents d'entendre papa et maman prendre plaisir à donner un tel concert. Très rapidement, ils apprennent les chansons et vous accompagnent dans cette chorale familiale, qu'il s'agisse de chansons de folklore, de chansons de votre jeunesse ou même de chants classiques.

Raconter des histoires pendant le trajet est un autre moyen souvent efficace. Ce peut même être une histoire collective où chacun dit une phrase ; une telle histoire aura à coup sûr des dénouements inattendus qui raviront les enfants.

De nombreux jeux d'observation sont aussi possibles : l'enfant indique quand il voit une auto rouge, une vache ou un camion ; il nomme tout ce qui est jaune comme le soleil ou imite le cri des animaux qu'il découvre dans les champs.

Longue, longue l'attente !

Pendant la période préscolaire, enfants et parents ont de nombreuses occasions de se retrouver dans une salle d'attente : chez le médecin, chez le dentiste, à la clinique de vaccination. L'attente devient souvent un moment très désagréable quand elle se prolonge. On peut alors proposer des jeux d'observation à l'enfant ; à partir de magazines, on lui demande « Montre-moi l'auto ! Vois-tu quelque chose de rouge dans cette page ? Quel bruit fait cet animal ? »

On peut aussi inviter l'enfant à observer la pièce où on se trouve en lui demandant, par exemple, « Vois-tu quelque chose de rond ? Y a-t-il des objets à quatre pattes (chaises)? Combien y a-t-il de dames dans la pièce ? » Des dessins faits avec votre doigt dans son dos par-dessus son vêtement peuvent aussi l'amuser. Il doit alors tenter de les identifier à partir de ce qu'il sent : « C'est un soleil ? Une maison ? Un arbre ? » Peut-être voudra-t-il essayer d'en faire aussi dans votre dos et ce sera à vous de deviner.

Apporter de la maison un petit jouet ou un livre d'histoire, ou permettre à l'enfant que son ourson préféré l'accompagne, voilà d'autres tactiques qui aident à tromper l'attente.

* * *

Aucune des suggestions précédentes n'est magique en soi ni ne comporte de garantie de succès. Adaptées à votre enfant et à une situation précise, elles peuvent néanmoins rendre vos tâches de tous les jours plus agréables. Peut-être même qu'à l'occasion, vos journées prendront des couleurs de fête.

Faites-vous confiance pour trouver mille autres trucs qui faciliteront votre quotidien. Et pourquoi ne pas partager ces trucs avec des amis qui, eux aussi, doivent en avoir de fort efficaces ?

Le jeu pour motiver l'enfant dans ses tâches répétitives

Il y a aussi des activités que l'enfant lui-même doit faire tous les jours et qu'il trouve parfois ennuyeuses. Les aborder comme un jeu et y inclure un peu d'imagination encourage l'enfant à effectuer ces tâches.

Le partenaire pour ranger

Ranger ses jouets est rarement l'activité préférée de l'enfant. On peut alors lui suggérer : « Et si tu expliquais à ton ourson (ou à ton ami imaginaire) où vont tes jouets ? Lui ne le sait pas. » Alors le rangement devient un jeu et un moment de communication privilégié avec son ourson.

Le bain amusant ou la douche comme un grand

Prendre son bain est plus agréable pour l'enfant récalcitrant, et par conséquent pour ses parents, si de gentils poissons viennent lui chatouiller les orteils ou si un bateau lui apporte le savon.

Le bain est un moment qu'il est facile de rendre agréable et, en général, l'enfant apprécie cette activité si on lui permet de jouer. On s'amuse à faire disparaître des parties du corps sous la mousse, puis à les faire réapparaître, à remplir et à verser sur elles un contenant d'eau. On peut aussi, à l'aide de craies magiques, faire sur son corps des dessins qui disparaîtront à l'eau.

Prendre une douche, c'est une activité de grand. Le faire avec papa ou maman est plus agréable. Le jeune garçon de 3 ou 4 ans aura plaisir à se raser en même temps que papa, à la fin de la douche, utilisant soit un rasoir démuni de lames soit un simple bâton devenu momentanément rasoir. Laver ses cheveux sous la douche sera aussi agréable pour la fillette, et encore plus si elle partage cette activité avec sa mère et que toutes deux en profitent pour rire un bon coup.

La magie du lavage de mains

Le lavage de mains, c'est vraiment de la magie : en effet, le savon a des pouvoirs spéciaux qui font disparaître la saleté. Proposer cette activité au jeune enfant comme un tour de magie sera plus intéressant pour lui que si on fait appel à des notions d'hygiène qu'il risque de ne pas comprendre. Avant les repas, on peut en toute complicité lui demander s'il a fait sa magie et de nous montrer si son tour a bien réussi.

Se coucher, un moment agréable

Certains enfants sont réticents à se coucher. Instaurer un rituel facilite les choses. Ainsi, quelques minutes avant l'heure du coucher, l'enfant peut se brosser les dents, boire de l'eau, aller aux toilettes, le tout suivi d'une histoire dans le lit racontée par papa ou maman, ou les deux. D'autres activités peuvent faire partie du rituel : on fait des ombres chinoises avec les mains et on les projette au plafond à la lueur de la veilleuse ou encore on lui fait des massages dans le dos. Des activités aussi calmes prédisposent au sommeil.

Le jeu en famille, pour une atmosphère familiale détendue

Faire du jeu son allié quotidien, c'est donner au plaisir une place dans sa vie et dans celle de sa famille ; cela contribue à réduire les moments de tension.

Activités familiales

Organiser des activités familiales agréables pour tous crée des moments magiques, en famille, qui laisseront un souvenir impérissable. Rappelez-vous les bons moments de votre enfance. Il y a de fortes chances qu'ils soient liés à des activités toutes simples, mais qui étaient appréciées par les membres de la famille. Se donner du temps ensemble et surtout se donner du bon temps, c'est le cadeau le plus extraordinaire que l'on puisse se faire en tant que famille.

On peut faire des pique-niques, ramasser les feuilles l'automne, décorer la maison pour les fêtes, aller cueillir des fraises dans les champs ou des pommes dans un verger, visiter un zoo ou le jardin botanique, assister à un spectacle en plein air, visiter une exposition.

Préparer la nourriture pour les oiseaux, observer ces derniers dans les mangeoires, suivre le périple des fourmis lors d'un pique-nique, ou semer des légumes dans le potager, autant d'exemples de bons moments à partager avec vos enfants qui, en plus, leur font comprendre la nature.

Vous pouvez aussi inviter vos enfants à faire des exercices avec vous, à participer par exemple au réchauffement que vous faites avant un entraînement. En plus de favoriser une activité qu'ils seront heureux de partager avec vous, cela contribuera à faire travailler tous les muscles de leur corps.

Quand on souhaite faire avec des enfants d'âge préscolaire une activité familiale qui prend un certain temps, il faut toutefois accepter que tout ne se passe pas sans accroc. Ainsi, si vous décidez de décorer le sapin de Noël en famille, même si vous avez pensé à sortir toutes les boîtes de décorations à l'avance, à mettre une belle musique d'ambiance et que vous êtes dans les meilleures dispositions pour cette activité, il est possible qu'au bout de quelque temps, les enfants s'en désintéressent et même qu'ils se disputent; vous vous retrouvez seul pour finir alors que vos enfants rêvaient pourtant de faire l'arbre de Noël depuis plusieurs jours.

Nous avons vu précédemment que l'enfant d'âge préscolaire a une capacité d'attente réduite; en général, la patience n'est pas sa première qualité. Si ça prend trop de temps, c'est moins intéressant. Il est aussi possible qu'il ne reconnaisse pas son incapacité, par exemple à poser l'étoile au sommet de l'arbre. Est-ce à dire qu'il faut renoncer à de telles activités ? Certainement pas. Prendre conscience des risques évite de dramatiser la situation le cas échéant. Préciser à l'avance la participation attendue de chacun facilite aussi l'activité : « Tu me donnes les boules une à une, et toi, tu me dis où les mettre. Veux-tu te charger de placer les glaçons dans le bas de l'arbre ? » Surtout, il faut tenter de maintenir une atmosphère familiale agréable en dépit des petits imprévus qui surviennent.

Le sens de la fête

Transmettre le sens de la fête à nos enfants, quel bel héritage à leur laisser ! Leur faire découvrir le plaisir de préparer un anniversaire, d'organiser une surprise, de décorer la maison, de soigner la présentation de la table ! Leur apprendre le bonheur des petites attentions pour souligner des moments particuliers, des délicatesses pour faire plaisir, c'est leur donner le sens de la fête du cœur. Fêter de cette façon est davantage en lien avec la créativité qu'avec l'argent et la consommation.

L'enfant découvre alors le plaisir de penser à l'autre, de s'intéresser à ceux qu'il aime, de se préoccuper de petits détails qui leur plairont. Ainsi peut-être pourrait-il aider à préparer le plat favori de son frère ou de sa sœur dont c'est l'anniversaire ou décorer son gâteau à l'aide de guimauves, de jujubes ou autres friandises ?

Pourquoi ne pas créer vos propres traditions familiales ? Les fêtes de Noël, de Pâques, de la Saint-Valentin sont des fêtes où il y a déjà des traditions sociales. Chaque famille peut y ajouter ses rituels.

Peut-être y a-t-il une recette familiale spéciale pour souligner Noël que les enfants auront plaisir à faire avec vous ? Vous pourriez décider que dorénavant les guirlandes décorant la maison pour les fêtes sont faites de maïs soufflé enfilé sur une corde et confectionnées par les enfants eux-mêmes. Sur la table, à Pâques, on pourrait retrouver des œufs peints à la main.

La Saint-Valentin, grande fête de l'amour, peut devenir la journée en rouge; non seulement doit-on porter un vêtement ou un accessoire rouge, mais le menu doit être choisi en conséquence. Ce peut être, entre autres, des quartiers de pomme rouge et de la confiture de fraises au petit déjeuner, du jambon, une salade avec des tomates et peut-être une vinaigrette à laquelle on ajoute un peu de... jus de betterave et une mousse aux fraises pour le dîner. Les décorations aussi sont rouges: des cœurs en carton déposés sur la table, des bougies rouges.

On peut instaurer des rituels pour les anniversaires de naissance. Je connais une famille qui offre à la personne fêtée de décorer elle-même son gâteau avec des pastilles de chocolat (*smarties*) ; j'ai été témoin de l'intérêt de cette tradition familiale même chez l'adolescente de treize ans qui prenait plaisir à déposer comme bon lui semblait une quantité étonnante de ces pastilles.

Vous pouvez aussi instaurer la tradition de la course au trésor pour trouver les cadeaux d'anniversaire. Divers indices doivent être déchiffrés pour découvrir où sont cachés les cadeaux. Alors la démarche pour les trouver devient presque aussi agréable que leur contenu.

Pourquoi ne pas profiter de chaque occasion possible pour fêter: première neige, première fois que l'enfant fait une selle dans le pot, qu'il lace seul ses souliers, premier jour des vacances ? Fêter ensemble pour souligner un événement agréable et avoir du plaisir contribue à lier entre eux les membres d'une famille.

Le jeu avec l'enfant, une thérapie anti-stress pour les parents

Jouer avec son enfant peut agir sur le parent comme une véritable thérapie anti-stress.

Découvrir l'élasticité du temps

Adultes et enfants ont une perception du temps bien différente. Celle de l'enfant est beaucoup plus lente que celle de l'adulte et elle se concentre sur le présent, le seul temps que connaît l'enfant. Prendre une marche avec votre enfant de 2 ans vous en convaincra et vous ferez assurément mille et une découvertes ; sans lui, vous n'auriez probablement pas remarqué cette fissure dans le trottoir ou cette feuille qui a glissé sur le gazon, ce champignon qui pousse près de cette clôture ou ce papier qui s'est faufilé sous le perron.

En suivant le rythme de l'enfant, vous ralentissez le vôtre et vous découvrez l'élasticité du temps.

Réapprendre à jouer

Quand vous jouez avec votre enfant, laissez-vous guider par lui, c'est le meilleur professeur. C'est un maître ès jeux alors que l'adulte n'est qu'un apprenti puisque la plupart du temps, il a oublié comment jouer. N'hésitez pas à entrer dans le château secret ou la caverne de l'ours qui s'est temporairement installé dans votre salon.

Si vous donnez à l'enfant suffisamment d'espace pour bouger, si vous lui faites confiance, évitant de toujours lui dire : « Attention, tu vas te faire mal », si vous lui parlez, mais surtout si vous l'écoutez, il saura vous entraîner dans une complicité sans pareille et vous ne verrez pas le temps passer. Vos soucis de bureau disparaîtront momentanément et votre stress diminuera d'un cran. Vous redécouvrirez votre cœur d'enfant.

Un brin de folie

Dans le même sens, se permettre un peu de folie dans ses journées peut aussi diminuer le stress. Ainsi, par une journée pluvieuse, vous pourriez proposer à votre enfant un pique-nique dans le salon ou une danse sur une musique entraînante qui joue à la radio ou offrir le concert de votre vie à votre bébé assis dans sa chaise haute, devenant pour quelques minutes Céline Dion ou Pavarotti.

Vous avez le goût d'aller marcher sous la pluie avec votre enfant ; pourquoi ne pas succomber à la tentation ? Votre enfant vous suivra avec grand plaisir puisque ce sera une activité inhabituelle qu'il partagera avec vous et il découvrira un parent qui sait avoir des idées amusantes.

La présence d'un enfant auprès d'un adulte fournit à ce dernier le prétexte pour faire des activités autrement jugées inappropriées socialement : se balancer au parc, faire des ricochets dans l'eau avec une pierre plate, faire une course jusqu'au coin de la rue, aller voir un film pour enfants, jouer dans la neige ou communiquer avec les animaux en reproduisant leurs bruits lors d'une visite du jardin zoologique. L'enfant est un excellent prétexte pour de telles activités qui lui rendront, par ailleurs, votre compagnie plus agréable encore.

Laissez sortir le petit grain de folie qui vous habite. L'humour, le rire et le plaisir sont d'excellents réducteurs de stress. Certains thérapeutes recommandent même à leurs patients stressés de rire trente minutes par jour.

Le parent peut donc relaxer en jouant avec son enfant. L'enfant aussi sera plus calme si vous prenez le temps de jouer avec lui. Il n'aura pas alors à chercher à tout prix à attirer votre attention puisque vous lui en donnerez en partageant son jeu.

Une éducation incluant le plaisir est-elle moins efficace ?

Une éducation utilisant le jeu ne risque-t-elle pas d'être moins efficace ? Comme le jeu signifie plaisir, rechercher le plaisir de l'enfant dans certaines corvées implique-t-il du laisser-aller ou une diminution de l'autorité parentale ? Cela ne risque-t-il pas d'entraîner un manque de discipline chez l'enfant ou un manque d'effort de sa part ?

Ma réponse à ces questions est non. À mon avis, l'humour et le jeu sont des moyens d'éducation beaucoup plus efficaces avec un enfant d'âge préscolaire que la confrontation et les règles rigides. Plutôt que d'élever la voix pour sommer l'enfant d'aller faire immédiatement et sans discuter le ménage de sa chambre, l'humour peut s'avérer plus utile. Dire à l'enfant « Mon Dieu, viens voir : il y a eu une tornade dans ta chambre. C'est affreux ! Regarde ! Le vent a déplacé tous tes jouets » risque de le faire sourire et de l'inciter à entrer dans le jeu en réparant les dégâts causés par le vent.

Par ailleurs, quand le plaisir est présent, l'enfant souhaite le maintenir et il dirige son énergie dans ce sens. Ce n'est pas parce que c'est agréable que c'est de tout repos ; c'est souvent tout le contraire. De fait, le jeu sollicite le dépassement de soi et exige une certaine dose d'effort. Contrairement à d'autres activités, le jeu valorise l'effort non seulement pour obtenir un résultat, mais tout au long de l'activité.

Quand vous faites une activité que vous aimez, n'êtes-vous pas porté à vous donner sans compter et à mettre l'effort requis pour la mener à bien ? Ceux qui semblent avoir du plaisir à faire leur travail fournissent-ils un moins bon rendement ou travaillent-ils moins fort ? Non ! Toutefois, le plaisir rend leur travail plus agréable pour eux, et les autres en bénéficient aussi.

Bien sûr, il ne s'agit pas ici de prétendre que tout devrait devenir un jeu, pas plus que de prôner le règne de l'enfant-roi pour qui la vie doit être un rire perpétuel et à qui il faut éviter toute contrariété. Les limites et les frustrations font aussi partie de la vraie vie et l'enfant a besoin de faire face à des difficultés pour grandir.

Toutefois, on ne peut douter que le jeu mobilise l'énergie de l'enfant et génère une motivation fantastique pour apprendre. Par ailleurs, une attitude de jeu désamorce nombre de situations difficiles ou tendues dans la famille et aide le parent à demeurer plus calme.

Ainsi, le jeu et son indissociable partenaire, l'attitude de jeu, peuvent contribuer à une vie familiale plus agréable, à une meilleure qualité de vie dans la famille.

Conclusion

Faute d'avoir eu l'occasion de se créer un jardin secret très riche, l'enfant comptera de plus en plus sur ses parents pour organiser ses loisirs ou se tournera vers la télévision.

Bettelheim [11]

Pourquoi demande-t-on à nos enfants d'agir comme des adultes ? Bien sûr, ils devront le devenir, mais insister pour qu'ils le fassent avant le temps, est-ce le meilleur moyen de les aider à y parvenir ? Si on faisait la moitié du chemin, si on allait à leur rencontre, non pas en redevenant nous-même un enfant, mais en redécouvrant l'enfance grâce au jeu.

S'intéresser au jeu, c'est s'intéresser à l'enfant tout entier puisque le jeu le rejoint dans sa globalité. Faire l'apologie du jeu, c'est faire l'apologie du plaisir et du moment présent, et c'est vouloir profiter pleinement du temps qui passe. Découvrir le plaisir de jouer avec son enfant, n'est-ce pas un moyen extraordinaire de se relier à lui ?

Dans une « société de performance », le jeu peut avoir mauvaise presse auprès de certains et être perçu comme une perte de temps. Si on ne réalise pas les vertus du jeu, on néglige cette vitamine quotidienne extraordinaire pour l'enfant, cette école hors-pair de la vie et cette activité d'une rare richesse.

11. Bettelheim, B. *Pour être des parents acceptables – une psychanalyse du jeu.* Paris : Éditions Robert Laffont, 1988. p. 199.

En jouant, l'enfant nous montre qu'il sait bouger, utiliser ses muscles, percevoir ce qui l'entoure, utiliser les objets, imaginer des situations, exprimer des sentiments et se relier aux autres. En contrepartie, en jouant, l'enfant développe encore davantage ces habiletés. Ce faisant, il construit une confiance de base sur laquelle se grefferont toutes ses réalisations futures. Le jeu n'est pas que le reflet des capacités de l'enfant ; il est aussi le moyen par excellence de les développer davantage.

Plutôt que de retenir les résultats précoces de l'enfant comme preuve de notre compétence parentale, pourquoi ne pas viser sa joie de vivre, sa curiosité et son plaisir d'agir comme objectifs de parents ? Avec une telle base, l'enfant a plus de chances de devenir un adulte bien dans sa peau et heureux de vivre.

Ressources

Livres

Antier, E. *Mon bébé joue bien.* Paris: Balland, 1999. 127 p. (Guide France-Info)

Bacus, A. *Bébé joue: les jouets de l'enfant de la naissance à trois ans.* Alleur: Marabout, 1998. 128 p. (Les cahiers de bord)

Bacus, A. *Bébé malin : l'éveil de l'enfant de la naissance à dix-huit mois.* Alleur: Marabout, 1998. 127 p. (Les cahiers de bord)

Bienenstock, M et M Bloch. *Tout se joue de 0 à 4 ans: activités et jeux d'éveil.* Tournai: Casterman, 2000. 123 p. (Le grand livre de la petite enfance)

Bopp-Limoge, C. *L'éveil à l'enfant: enfants/adultes, grandir ensemble.* Lyon: Chronique sociale, 2000. 448 p. (Comprendre les personnes)

Einon, D. *Apprendre en s'amusant: guide pratique du parent attentif pour un enfant épanoui.* Paris: Solar, 240 p.

Gariépy, L. *Jouer, c'est magique: programme favorisant le développement global des enfants.* Sainte-Foy: Publications du Québec, 1998. 2 volumes.

Rateau, D. *Lire des livres à des bébés.* Ramonville Saint-Agne (France): Érès, 1998. 95 p. (Mille et un bébés)

Warner, P. *Bébé joue et apprend: 160 jeux et activités pour les enfants de 0 à 3 ans.* Montréal: Éditions de l'Homme, 2000. 188 p.

Woolfson, RC. *Bébé malin: 0-15 mois.* Paris: Hachette, 2002. 144 p. (Famille / Santé)

WOOLFSON, RC. *Éveil malin : 15 mois à 3 ans*. Paris : Hachette, 2002. 143 p. (Famille / Santé)

Sites web

À chaque âge son coffre à jouets (5 textes)
PetitMonde
www.petitmonde.com/iDoc/Article.asp ?id=16281

Grandir avec le jeu (10 textes)
PetitMonde
www.petitmonde.qc.ca/jeu/grandir.asp

Le jeu, outil de développement et d'apprentissage
Enfant et Famille Canada
www.cfc-efc.ca/docs/cccf/00005_fr.htm

Jeux m'agacent
PetitMonde
www.petitmonde.com/iDoc/Article.asp ?id=5150

Jeux et activités pour vous et votre bébé de 0 à 5 ans (6 textes)
Fondation investir dans l'enfance
www.investinkids.ca/french/parents_ages.htm

Jouets : 10 conseils d'achat gagnants
PetitMonde
www.petitmonde.com/iDoc/Article.asp ?id=12061

Les jouets : votre enfant est-il en sécurité ?
Santé Canada
www.hc-sc.gc.ca/ehp/dhm/bsp/education/jouets.htm

Mouvement et croissance : exercices et activités pendant les deux premières années
Enfant et Famille Canada
www.cfc-efc.ca/docs/cich/00001_fr.htm

Mouvement et croissance : exercices et activités pour les enfants de deux, trois et quatre ans
Enfant et Famille Canada
www.cfc-efc.ca/docs/cich/00002_fr.htm

Mouvement et croissance : exercices et activités pour les enfants de cinq et six ans
Enfant et Famille Canada
www.cfc-efc.ca/docs/cich/00003_fr.htm

Les parents dans le monde du jeu
Enfant et Famille Canada
www.cfc-efc.ca/docs/cafrp/00001_fr.htm

Précautions à prendre avec les jouets
Fédération canadienne des services de garde à l'enfance
Enfant et Famille Canada
www.cfc-efc.ca/docs/cccf/rs026_fr.htm

Le jeu et le jeune enfant (12 chroniques)
Parents d'aujourd'hui
www.parentsdaujourdhui.com/html/education/chroniques/menuergos.htm

La valeur du jeu
Enfant et Famille Canada
www.cfc-efc.ca/docs/cccf/00003_fr.htm

La Collection de l'Hôpital Sainte-Justine
pour les parents

L'allaitement maternel

Comité pour la promotion de l'allaitement maternel de l'Hôpital Sainte-Justine

Le lait maternel est le meilleur aliment pour le bébé. Tous les conseils pratiques pour faire de l'allaitement une expérience réussie !

ISBN 2-921858-69-X 1999/104 p.

Apprivoiser l'hyperactivité et le déficit de l'attention

Colette Sauvé

Une gamme de moyens d'action dynamiques pour aider l'enfant hyperactif à s'épanouir dans sa famille et à l'école.

ISBN 2-921858-86-X 2000/96 p.

Au-delà de la déficience physique ou intellectuelle Un enfant à découvrir

Francine Ferland

Comment ne pas laisser la déficience prendre toute la place dans la vie familiale ? Comment favoriser le développement de cet enfant et découvrir le plaisir avec lui ?

ISBN 2-922770-09-5 2001/232 p.

Au fil des jours... après l'accouchement

L'équipe de périnatalité de l'Hôpital Sainte-Justine

Un guide précieux pour répondre aux questions pratiques de la nouvelle accouchée et de sa famille durant les premiers mois suivant l'arrivée de bébé.

ISBN 2-922770-18-4 2001/96 p.

Au retour de l'école... La place des parents dans l'apprentissage scolaire

Marie-Claude Béliveau

Une panoplie de moyens pour aider l'enfant à développer des stratégies d'apprentissage efficaces et à entretenir sa motivation.

ISBN 2-921858-94-0 2000/176 p.

En forme après bébé
Exercices et conseils
Chantale Dumoulin
Des exercices et des conseils judicieux pour aider la nouvelle maman à renforcer ses muscles et à retrouver une bonne posture.
ISBN 2-921858-79-7 2000/128 p.

En forme en attendant bébé
Exercices et conseils
Chantale Dumoulin
Des exercices et des conseils pratiques pour garder votre forme pendant la grossesse et pour vous préparer à la période postnatale.
ISBN 2-921858-97-5 2001/112 p.

L'enfant malade
Répercussions et espoirs
Johanne Boivin, Sylvain Palardy et Geneviève Tellier
Des témoignages et des pistes de réflexion pour mettre du baume sur cette cicatrice intérieure laissée en nous par la maladie de l'enfant.
ISBN2-921858-96-7 2000/96 p.

L'estime de soi, un passeport pour la vie
Germain Duclos
Pour développer des attitudes éducatives positives qui aideront l'enfant à acquérir une meilleure connaissance de sa valeur personnelle.
ISBN 2-921858-81-9 2000/128 p.

Et si on jouait?
Le jeu chez l'enfant de la naissance à 6 ans
Francine Ferland
Les différents aspects du jeu présentés aux parents et aux intervenants : informations détaillées, nombreuses suggestions de matériel et d'activités.
ISBN 2-922770-36-2 2002/184 p.

Être parent, une affaire de cœur I

Danielle Laporte

Des textes pleins de sensibilité, qui invitent chaque parent à découvrir son enfant et à le soutenir dans son développement.

ISBN 2-921858-74-6 1999/144 p.

Être parent, une affaire de cœur II

Danielle Laporte

Une série de portraits saisissants : l'enfant timide, agressif, solitaire, fugueur, déprimé, etc.

ISBN 2-922770-05-2 2000/136 p.

Famille, qu'apportes-tu à l'enfant ?

Michel Lemay

Une réflexion approfondie sur les fonctions de chaque protagoniste de la famille, père, mère, enfant... et les différentes situations familiales.

ISBN 2-922770-11-7 2001/216 p.

La famille recomposée

Une famille composée sur un air différent

Marie-Christine Saint-Jacques et Claudine Parent

Comment vivre ce grand défi ? Le point de vue des adultes (parents, beaux-parents, conjoints) et des enfants impliqués dans cette nouvelle union.

ISBN 2-922770-33-8 2002/144 p.

Guide Info-Parents I

L'enfant en difficulté

Michèle Gagnon, Louise Jolin et Louis-Luc Lecompte

Un répertoire indispensable de ressources (livres, associations, sites Internet) pour la famille et les professionnels.

ISBN 2-921858-70-3 1999/168 p.

Guide Info-Parents II

Vivre en famille

Michèle Gagnon, Louise Jolin et Louis-Luc Lecompte

Des livres, des associations et des sites Internet concernant la vie de famille : traditionnelle, monoparentale ou recomposée, divorce, discipline, conflits frères-sœurs...

ISBN 2-922770-02-8 2000 / 184 p.

Guide Info-Parents III

Maternité et développement du bébé

Michèle Gagnon, Louise Jolin et Louis-Luc Lecompte

Des ressources fort utiles concernant la grossesse, l'accouchement, les soins à la mère et au bébé, le rôle du père, la fratrie...

ISBN 2-922770-22-2 2001 / 152 p.

Guider mon enfant dans sa vie scolaire

Germain Duclos

Des réponses aux questions les plus importantes et les plus fréquentes que les parents posent à propos de la vie scolaire de leur enfant.

ISBN 2-922770-21-4 2001 / 248 p.

Les parents se séparent...

Pour mieux vivre la crise et aider son enfant

Richard Cloutier, Lorraine Filion et Harry Timmermans

Pour aider les parents en voie de rupture ou déjà séparés à garder espoir et mettre le cap sur la recherche de solutions.

ISBN 2-922770-12-5 2001 / 164 p.

La scoliose

Se préparer à la chirurgie

Julie Joncas et collaborateurs

Dans un style simple et clair, voici réunis tous les renseignements utiles sur la scoliose et les différentes étapes de la chirurgie correctrice.

ISBN 2-921858-85-1 2000 / 96 p.

Les troubles anxieux expliqués aux parents

Chantal Baron

Quelles sont les causes de ces maladies et que faire pour aider ceux qui en souffrent ? Comment les déceler et réagir le plus tôt possible ?

ISBN 2-922770-25-7 2001 / 88 p.

Les troubles d'apprentissage : comprendre et intervenir

Denise Destrempes-Marquez et Louise Lafleur

Un guide qui fournira aux parents des moyens concrets et réalistes pour mieux jouer leur rôle auprès de l'enfant ayant des difficultés d'apprentissage.

ISBN 2-921858-66-5 1999/128 p.

AGMV Marquis
MEMBRE DE SCABRINI MEDIA
Québec, Canada
2004